高等职业教育系列教材

电气控制与 PLC 应用技术（S7-1200）

主　编　梁亚峰　刘培勇
副主编　苏　龙　高育帼
参　编　郭庆丰　田真源

机械工业出版社

本书从基本的电气控制电路入手,重点介绍西门子 S7-1200 系列 PLC 的应用技术,采用任务式的编写方式,以行业的具体应用作为任务设计的来源,将知识点和能力点嵌入到多个小任务中,体现了理实一体化的教学理念。

本书包含 7 个学习模块。模块 1 主要介绍了电气控制技术与 PLC 的基本概念及应用;模块 2 主要介绍了常用的低压电器和基本电气控制电路;模块 3 主要介绍了 S7-1200 PLC 的硬件与编程软件;模块 4 主要介绍了 S7-1200 PLC 的常用基本指令及其应用;模块 5 主要介绍了 S7-1200 PLC 的功能指令及其应用;模块 6 主要介绍了 S7-1200 PLC 的程序结构及其应用;模块 7 主要介绍了 S7-1200 PLC 的通信与网络应用。

本书可作为高职高专院校智能制造相关专业电气控制与 PLC 课程的教材,也可以作为相关企业工程技术人员的培训教材。

本书包含了丰富的数字化资源,具有完整的在线开放课程资源供读者学习。需要配套资源的教师可登录机械工业出版社教育服务网 www.cmpedu.com 免费注册后下载,或联系编辑索取(微信:15910938545,电话:010-88379739)。

图书在版编目(CIP)数据

电气控制与 PLC 应用技术:S7-1200/ 梁亚峰,刘培勇主编.—北京:机械工业出版社,2021.10(2023.2 重印)
高等职业教育系列教材
ISBN 978-7-111-69430-4

Ⅰ. ①电… Ⅱ. ①梁… ②刘… Ⅲ. ①电气控制-高等职业教育-教材
Ⅳ. ①TM571.2 ②TM571.6

中国版本图书馆 CIP 数据核字(2021)第 213109 号

机械工业出版社(北京市百万庄大街 22 号　邮政编码 100037)
策划编辑:曹帅鹏　责任编辑:曹帅鹏　李晓波
责任校对:张艳霞　责任印制:刘　媛
唐山三艺印务有限公司印刷
2023 年 2 月第 1 版第 4 次印刷
184mm×260mm・14 印张・352 千字
标准书号:ISBN 978-7-111-69430-4
定价:59.00 元

电话服务　　　　　　　　　　　网络服务
客服电话:010-88361066　　　机 工 官 网:www.cmpbook.com
　　　　　010-88379833　　　机 工 官 博:weibo.com/cmp1952
　　　　　010-68326294　　　金 　书 　网:www.golden-book.com
封底无防伪标均为盗版　　　　　机工教育服务网:www.cmpedu.com

Preface 前 言

智能制造日益成为未来制造业发展的重大趋势和核心内容，PLC 是新一轮科技创新中控制部分的核心产品，是智能工厂中的关键环节。在智能制造系统中，PLC 不仅是机械装备和生产线的控制器，还是制造信息的采集器和转发器。

西门子 S7 系列 PLC 具有卓越的性能，在工业控制市场中占有非常大的份额，应用非常广泛。S7-1200 系列 PLC 是西门子公司推出的功能较强的小型 PLC，除了包含许多创新技术外，还设定了新标准，极大地提高了工程效率。编者在总结长期教学经验和工程实践的基础上编写了本书，旨在让学生快速入门设备电气控制与 PLC 的应用技术。

本书从基本的电气控制电路入手，重点介绍西门子 S7-1200 系列 PLC 的应用技术，采用任务式的编排方式，以行业的具体应用作为任务设计的来源，将知识点和能力点嵌入到多个小任务中，体现了理实一体化的教学理念。同时本书也包含了丰富的数字化资源，具有完整的在线开放课程资源供读者学习。

本书共包含 7 个学习模块。模块 1 介绍了电气控制技术与 PLC 的基本概念及应用；模块 2 介绍了常用的低压电器和电气控制电路，并设计了三相电动机的传统控制的两个工作任务；模块 3 介绍了 S7-1200 PLC 的硬件与编程软件，并设计了软硬件安装的两个工作任务；模块 4 介绍了 S7-1200 PLC 的基本指令及其应用，并设计了三相电动机连续运行的 PLC 控制等 5 个工作任务；模块 5 介绍了 S7-1200 PLC 的功能指令及应用，并设计了电动机参数采集与处理等 4 个工作任务；模块 6 介绍了 S7-1200 PLC 的程序结构，并设计了多台电动机的连续运行控制等 3 个工作任务；模块 7 介绍了 S7-1200 PLC 的通信与网络应用，并设计了 PLC 采集水位值等 4 个工作任务。

本书由梁亚峰和刘培勇担任主编，苏龙、高育帼担任副主编，其中模块 1 和模块 2 由刘培勇编写，模块 3 由高育帼编写，模块 4、模块 6 和模块 7 中的任务 7.3 和任务 7.4 由梁亚峰编写，模块 5 和模块 7 中的任务 7.1 和任务 7.2 由苏龙编写，郭庆丰参与了模块 2 和模块 5 的编写，田真源参与了模块 4 和模块 7 的编写，全书由梁亚峰负责统稿工作。

由于编者水平有限，不足之处在所难免，敬请广大读者提出宝贵意见。

编 者

目录 Contents

前言

模块1 初识电气控制技术与PLC ……………… 1

任务1.1 了解电气控制技术及其
　　　　应用 ………………………… 1
　1.1.1 电气控制技术的基本
　　　　概念 ………………………… 1
　1.1.2 电气与电器的区别 ………… 1
　1.1.3 电气控制技术的发展与
　　　　应用 ………………………… 1

任务1.2 了解PLC及其应用 ……… 2
　1.2.1 PLC的基本概念 …………… 2
　1.2.2 PLC的发展 ………………… 3
　1.2.3 PLC的主要特点 …………… 3
　1.2.4 PLC的分类与性能指标 …… 4
　1.2.5 PLC的应用 ………………… 5
　习题 ………………………………… 5

模块2 三相电动机的传统控制 ……………… 7

任务2.1 三相电动机的单向运行
　　　　控制 ………………………… 7
　2.1.1 常用的低压电器 …………… 7
　2.1.2 认识电动机 ………………… 18
　2.1.3 三相电动机的点动控制 …… 19
　2.1.4 三相电动机的连续运行
　　　　控制 ………………………… 19

任务2.2 三相电动机的正反转运行
　　　　控制 ………………………… 20
　2.2.1 常用的电气附件 …………… 21
　2.2.2 电线的制作工艺 …………… 24
　2.2.3 三相电动机的正反转
　　　　控制 ………………………… 25
　习题 ………………………………… 25

模块3 认识S7-1200 PLC与博途编程软件 ……… 27

任务3.1 西门子S7-1200系列PLC的
　　　　认识与安装 ………………… 27
　3.1.1 PLC的结构与工作原理 …… 27
　3.1.2 西门子S7-1200系列
　　　　PLC …………………………… 31

　3.1.3 CPU的安装与拆卸 ………… 35
　3.1.4 信号模块的安装与
　　　　拆卸 ………………………… 35
　3.1.5 端子板连接器的安装与
　　　　拆卸 ………………………… 36

任务 3.2 西门子博途软件的认识与安装 ……………………… 37
　3.2.1 西门子博途平台简介 …… 38
　3.2.2 博途软件对计算机的要求 ……………………… 38
　3.2.3 安装博途软件 ………… 39
　3.2.4 安装仿真软件 PLCSIM … 47
习题 …………………………………… 47

模块 4 S7-1200 PLC 的基本指令及应用 ………… 49

任务 4.1 三相电动机连续运行的 PLC 控制——触点与线圈指令及应用 ……………………… 49
　4.1.1 S7-1200 中简单的数据类型 ……………………… 49
　4.1.2 S7-1200 的存储器 ……… 51
　4.1.3 寻址 …………………… 53
　4.1.4 编程语言 ……………… 54
　4.1.5 触点与线圈指令 ……… 55
　4.1.6 CPU 1214C DC/DC/DC 的接线 …………………… 56
　4.1.7 I/O 地址分配 …………… 57
　4.1.8 电路设计 ……………… 58
　4.1.9 程序编写与下载 ……… 58
任务 4.2 多人抢答器的 PLC 控制——置位与复位指令及应用 ……………………… 64
　4.2.1 置位与复位指令 ……… 65
　4.2.2 I/O 地址分配 …………… 68
　4.2.3 电路设计 ……………… 69
　4.2.4 程序编写 ……………… 69
　4.2.5 在仿真软件 PLCSIM 中验证程序 …………………… 71
任务 4.3 地下车库车辆出入 PLC 控制——边沿检测指令及应用 ……………………… 72
　4.3.1 边沿信号的概念 ……… 72

　4.3.2 S7-1200 的边沿检测指令 ……………………… 73
　4.3.3 I/O 地址分配 …………… 78
　4.3.4 电路设计 ……………… 79
　4.3.5 程序编写 ……………… 79
任务 4.4 三级物料传送带的 PLC 控制——定时器指令及应用 ……………………… 80
　4.4.1 脉冲定时器 TP ………… 81
　4.4.2 接通延时定时器 TON … 83
　4.4.3 关断延时定时器 TOF … 84
　4.4.4 保持型接通延时定时器 TONR …………………… 86
　4.4.5 I/O 地址分配 …………… 87
　4.4.6 电路设计 ……………… 88
　4.4.7 程序编写 ……………… 88
任务 4.5 停车场车位计数 PLC 控制——计数器指令及应用 ……………………… 90
　4.5.1 加减计数器指令 CTUD …………………… 91
　4.5.2 数据块 ………………… 93
　4.5.3 I/O 地址分配 …………… 95
　4.5.4 电路设计 ……………… 96
　4.5.5 程序编写 ……………… 96
习题 …………………………………… 97

模块 5　S7-1200 PLC 的功能指令及应用 …………… 98

- 任务 5.1　电动机参数采集与处理——数据类型及其应用 …………… 98
  - 5.1.1　基本数据类型 …………… 98
  - 5.1.2　复杂数据类型 …………… 101
  - 5.1.3　其他数据类型 …………… 102
  - 5.1.4　新建数据类型 …………… 103
  - 5.1.5　添加自定义变量 …………… 103
  - 5.1.6　新建 FB 函数块 …………… 103
  - 5.1.7　新建 DB 块 …………… 105
  - 5.1.8　在主函数中调用函数块 …………… 106
- 任务 5.2　将数值正确发送给 ABB 工业机器人——移动指令与字符串指令及其应用 …………… 107
  - 5.2.1　移动指令 …………… 107
  - 5.2.2　SWAP 指令 …………… 108
  - 5.2.3　MID 指令 …………… 109
  - 5.2.4　STRG_VAL 指令 …………… 110
  - 5.2.5　新建全局 DB 块 …………… 111
  - 5.2.6　程序编写 …………… 111
- 任务 5.3　PLC 控制流水灯——比较指令与移位指令及其应用 …………… 111
  - 5.3.1　比较指令 …………… 112
  - 5.3.2　值在范围内指令 …………… 112
  - 5.3.3　检查有效性指令 …………… 113
  - 5.3.4　右移指令 …………… 113
  - 5.3.5　左移指令 …………… 114
  - 5.3.6　循环移位指令 …………… 114
  - 5.3.7　I/O 地址分配 …………… 115
  - 5.3.8　电路设计 …………… 115
  - 5.3.9　程序编写 …………… 116
- 任务 5.4　生产线灌装计数系统——数学指令及其应用 …………… 119
  - 5.4.1　数学运算指令 …………… 119
  - 5.4.2　转换指令 …………… 121
  - 5.4.3　逻辑运算指令 …………… 123
  - 5.4.4　I/O 地址分配 …………… 124
  - 5.4.5　程序编写 …………… 124
- 习题 …………… 127

模块 6　S7-1200 PLC 的程序结构 …………… 129

- 任务 6.1　多台电动机的连续运行控制——函数（FC）的应用 …………… 129
  - 6.1.1　PLC 编程方法简介 …………… 129
  - 6.1.2　TIA 博途软件中块的基本概念 …………… 130
  - 6.1.3　函数简介 …………… 131
  - 6.1.4　I/O 地址分配 …………… 131
  - 6.1.5　电路设计 …………… 132
  - 6.1.6　程序编写 …………… 132
- 任务 6.2　多台电动机的星形—三角形减压起动——函数块（FB）的应用 …………… 135
  - 6.2.1　函数块 …………… 136
  - 6.2.2　多重背景简介 …………… 137
  - 6.2.3　三相电动机的星形—三角形减压起动原理 …………… 138
  - 6.2.4　I/O 地址分配 …………… 138
  - 6.2.5　电路设计 …………… 139
  - 6.2.6　程序编写 …………… 140
- 任务 6.3　设备恒温的 PLC 控制——组织块及其应用 …………… 145

6.3.1	PLC 的中断 …………… 146	6.3.7	时间错误中断组织块 … 153
6.3.2	程序循环组织块 ……… 147	6.3.8	诊断错误中断组织块 … 153
6.3.3	起动组织块 …………… 148	6.3.9	I/O 地址分配 ………… 154
6.3.4	循环中断组织块 ……… 148	6.3.10	电路设计 …………… 154
6.3.5	延时中断组织块 ……… 150	6.3.11	程序编写 …………… 155
6.3.6	硬件中断组织块 ……… 151	习题	……………………………… 157

模块 7 S7–1200 PLC 的通信与网络应用 ……… 159

任务 7.1　S7–1200 PLC 采集水位值——MODBUS 通信方式及应用 …………… 159
 7.1.1　MODBUS 通信方式介绍 … 159
 7.1.2　硬件选型 ………………… 165
 7.1.3　电路设计 ………………… 166
 7.1.4　硬件组态 ………………… 167
 7.1.5　程序编写 ………………… 168

任务 7.2　S7–300 与 S7–1200 PLC 的数据交换——PROFIBUS 通信及应用 …………… 170
 7.2.1　PROFIBUS 通信介绍 …… 171
 7.2.2　设备组态 ………………… 177
 7.2.3　程序编写 ………………… 180

任务 7.3　辊床电动机的远程控制——S7–1200 PLC 与分布式 I/O ET200S 的 PROFINET 通信应用 …………… 181
 7.3.1　PROFINET 网络通信 …… 182
 7.3.2　PROFINET 分布式 I/O 系统 ET200S ………………… 187
 7.3.3　I/O 地址分配 …………… 189
 7.3.4　ET200S 的配置 ………… 189
 7.3.5　ET200S 的安装及拆卸 … 190

 7.3.6　电路设计 ………………… 193
 7.3.7　硬件组态 ………………… 195
 7.3.8　分配 PROFINET 名称 … 198
 7.3.9　程序编写 ………………… 198

任务 7.4　焊装气动夹具的远程控制——S7–1200 PLC 与阀岛 EX600 的 PROFINET 通信应用 …………… 199
 7.4.1　阀岛的概念 ……………… 200
 7.4.2　认识 EX600 系列阀岛 … 200
 7.4.3　由电磁阀和气缸组成的基本回路 ……………………… 203
 7.4.4　I/O 地址分配 …………… 205
 7.4.5　EX600 阀岛的配置 …… 205
 7.4.6　EX600 阀岛的安装与拆卸 ……………………… 206
 7.4.7　电路设计 ………………… 208
 7.4.8　气路设计 ………………… 210
 7.4.9　安装 GSD 文件 ………… 211
 7.4.10　硬件组态 ……………… 211
 7.4.11　分配 PROFINET 名称 … 213
 7.4.12　程序编写 ……………… 213

习题 ……………………………………… 214

参考文献 …………………………………… 215

模块1　初识电气控制技术与PLC

任务1.1　了解电气控制技术及其应用

任务描述

了解电气控制技术的基本概念，熟悉电气控制技术的发展与行业应用。

任务分析

通过教材阅读、课堂学习、文献检索、资料收集等途径完成本次任务。

知识学习

1.1.1　电气控制技术的基本概念

电气控制技术是以采用各类电动机来驱动的传动装置与系统为对象，实现生产过程自动化的控制技术。

电气控制系统由各种控制电器和连接导线组成，以实现对机械设备进行电气控制的系统，是电气控制技术具体体现的主干部分，是实现工业生产自动化的重要技术手段。

任务1.1　初识电气控制技术与PLC

1.1.2　电气与电器的区别

电气是电能的生产、传输、分配、使用和电工设备制造等学科或工程领域的统称，是一个宏观的概念。它是一门学科，涵盖电能的转换、利用和研究三个方面，也包括基础理论、应用技术、设施设备等，还可以指一个行业或者一种专业。电气是对电气系统工程的统称。

电器是电气相对微观的一个概念，所涵盖的内容涉及电气工程中所应用的电力装置、设备或器件总成。电器根据其适用环境、应用范围等，细分种类繁多。电器按其工作电压等级可分为高压电器和低压电器。

1.1.3　电气控制技术的发展与应用

随着科学技术的发展、生产工艺的改进，特别是计算机技术的应用、新型控制策略的出现，电气控制技术一直在改进。

在控制方法上，从手动控制发展到自动控制。

在控制功能上，从简单控制发展到智能控制。

在控制原理上，从单一的有触头硬接线继电器逻辑控制系统发展到以微处理器或微计算机为中心的网络化自动控制系统。

现代电气控制技术综合应用了计算机技术、微电子技术、检测技术、自动控制技术、智能技术、通信技术、网络技术等先进的科技成果。

总体来说，可将电气控制技术分为三个阶段。

第一阶段：从集中传动到分散传动。

20世纪初，电动机直接取代蒸汽机，开始是成组拖动，即用一台电动机通过中间机构实现能量分配与传递，拖动多台生产机械。

20世纪20年代，出现了单电动机拖动，即由一台电动机拖动一台生产机械（即单独拖动）；随着生产发展及自动化程度的提高，又出现了多台电动机分别拖动各运动机构的多电动机拖动。

第二阶段：从继电控制到可编程逻辑控制器控制。

继电器-接触器控制系统至今仍是许多机械设备广泛采用的基本电气控制形式，也是学习先进电气控制系统的基础。它主要由继电器、接触器、按钮、行程开关等组成，由于其控制方式是断续的，故也称为断续控制系统。

以软件手段实现各种控制功能、以微处理器为核心的可编程逻辑控制器，是20世纪60年代诞生并开始发展起来的一种新型工业控制装置。

第三阶段：从单台设备的PLC控制到整个生产线的PLC控制。

在自动化领域，PLC与CAD/CAM、工业机器人并称为加工制造业自动化的三大支柱，其应用日益广泛。自20世纪70年代以来，电气控制相继出现了直接数字控制（DDC）系统、柔性制造系统（FMC）、计算机集成制造系统（CIMS），综合运用计算机辅助设计（CAD）、计算机辅助制造（CAM）、智能机器人、集散控制系统（DCS）、现场总线控制系统等多项技术，形成了从产品设计与制造到生产管理的智能化生产的完整体系。

任务实施

本任务为开放性主题，请读者自行完成。

 了解 PLC 及其应用

任务描述

了解 PLC 的基本概念、分类和性能指标，熟悉 PLC 的发展与行业应用。

任务分析

通过教材阅读、课堂学习、文献检索、资料收集等途径完成本次任务。

知识学习

1.2.1 PLC 的基本概念

PLC 即可编程逻辑控制器（Programmable Logic Controller），国际电工委员会（IEC）于

1985 年对可编程逻辑控制器做了如下的定义：可编程逻辑控制器是一种数字运算操作的电子系统，专为在工业环境下的应用而设计。它采用可编程的存储器，用来在其内部存储执行逻辑运算、顺序控制、定时、计数和算术运算等操作指令，并通过数字式或者模拟式的输入输出，控制各种类型的机械或者生产过程。可编程逻辑控制器及其有关的外围设备，都应按易于与工业控制系统连成一个整体、易于扩充其功能的原则设计。

PLC 是一种工业计算机，其种类繁多，不同厂家的产品有各自特点，但作为工业标准设备，PLC 又有一定的共性。目前应用较为广泛的 PLC 品牌有德国西门子，美国罗克韦尔，法国施耐德，日本三菱，中国汇川、台达、信捷等厂家。

1.2.2　PLC 的发展

20 世纪 60 年代以前，汽车制造生产线的自动控制系统基本都是由继电器－接触器通过硬接线方式构成的控制系统，每次车型的改型都需要重新设计和安装控制系统，汽车改型和升级换代比较困难。为了解决这些问题，美国通用汽车公司（GM）于 1969 年向社会公开招标，要求用新的装置取代继电器－接触器控制系统，并提出十项招标指标，要求编程方便、现场可修改程序、维修方便、采用模块化设计、体积小以及可与计算机通信等。同一年，美国数字设备公司（DEC）根据以上指标研制出了世界上第一台可编程逻辑控制器 PDP-14，在美国通用汽车公司的汽车制造生产线上试用成功，并取得了良好的效果，PLC 从此诞生。由于当时 PLC 的功能仅限于逻辑运算、计时及计数等，所以称为"可编程逻辑控制器"。

伴随着微电子技术、控制技术与信息技术的不断发展，PLC 的功能不断增强，远远超出逻辑控制的功能。因此，美国电气制造商协会（NEMA）于 1980 年正式将其命名为"可编程控制器（Programmable Controller）"，简称 PC。由于这个简称和个人计算机的简称相同，容易混淆，因此一般称可编程控制器为 PLC。由于 PLC 具有易学易用、操作方便、可靠性高、体积小、通用灵活和使用寿命长等一系列优点，因此，很快就在工业生产中得到了广泛应用。同时，这一新技术也受到其他国家的重视。1971 年日本引进这项技术，很快研制出日本第一台 PLC；欧洲于 1973 年研制出第一台 PLC；我国从 1974 年开始研制，国产 PLC 于 1977 年正式投入工业应用。

1.2.3　PLC 的主要特点

PLC 之所以高速发展，原因一方面是企业实际生产对高性能、高可靠性控制系统的客观需求；另一方面是 PLC 本身非常适合工业控制，它较好地解决了工业控制领域中普遍关心的可靠、安全、灵活、方便以及经济等问题。PLC 主要特点如下。

（1）简单易学、工程实施周期短

PLC 是一种工业计算机，生产厂家将系统运行所需的底层软件固化在相应的硬件中，用户只需要关注工艺流程的实现。同时，PLC 采用的编程语言尤其是广泛采用的梯形图与继电器原理图很相似，直观、易懂和易掌握。由于 PLC 的模块化、标准化以及良好的可扩展性和工业网络的采用，能够在满足控制要求的基础上大大节省系统设计、安装和调试的时间和工作量。

（2）功能完善、通用性强

现代 PLC 不仅具有基本的逻辑运算、定时、计数以及顺序控制等功能，而且还具有模/

数转换和数/模转换、数学运算、数据处理、复杂以及专用工艺控制功能。尤其是丰富的工业网络通信功能，可以满足工业控制领域多种控制需求，用户通过修改程序能够适应不同的生产工艺。

（3）抗干扰能力强、可靠性高

在传统的继电器-接触器控制系统中，工艺控制逻辑是通过大量的中间继电器和时间继电器以硬接线的方式实现的。由于器件的固有缺点，如器件老化、接触不良以及触点抖动等问题，大大降低了系统的可靠性。而在 PLC 控制系统中，大量的开关动作由无触点的晶体管电路完成，可以极大地减少系统故障。此外，PLC 的硬件和软件方面采取了多项可靠性措施。在硬件方面，所有的 I/O 接口都采用了光电隔离电路，使得外部电路与 PLC 内部电路实现了物理隔离，这就会使得外部电路出现异常时不会影响到内部电路的正常工作；通过滤波电路防止或抑制高频干扰；通过屏蔽措施，防止辐射干扰。在软件方面，PLC 具有良好的自诊断功能，CPU 能够及时针对系统软硬件产生的异常情况采取有效措施，以防止故障扩大；对于大型的 PLC 系统，还可以采用双 CPU 构成冗余系统或者三 CPU 构成表决系统，使系统的可靠性进一步提高。

1.2.4　PLC 的分类与性能指标

1. PLC 的分类

（1）按组成结构形式分类

按组成结构可以将 PLC 分为两类：一类是整体式 PLC（也称单元式），其特点是电源、中央处理单元和 I/O 接口都集成在一个机壳内；另一类是标准模块式结构化的 PLC（也称组合式），其特点是电源模块、中央处理单元模块和 I/O 模块等在结构上是相互独立的，可根据具体的应用要求，选择合适的模块，安装在固定的机架或导轨上，构成一个完整的 PLC 应用系统。

（2）按 I/O 点容量分类

1）小型 PLC，小型 PLC 的 I/O 点数一般在 128 点以下。

2）中型 PLC，中型 PLC 采用模块化结构，其 I/O 点数一般在 256~1024 点之间。

3）大型 PLC，一般 I/O 点数在 1024 点以上。

2. PLC 的性能指标

各厂家的 PLC 虽然各有特色，但其主要性能指标是相同的。

1）输入/输出（I/O）点数。输入/输出点数是指 PLC 能够连接外部输入、输出的端口数，常称为点数，用输入与输出点数的和表示。点数越多表示 PLC 可接入的输入器件和输出器件越多，控制规模越大。点数是 PLC 选型时最重要的指标之一。

2）扫描速度。扫描速度是指 PLC 执行程序的速度。以 ms/K 为单位，即执行 1K 步指令所需的时间，1 步占 1 个地址单元。

3）存储容量。存储容量通常用 MB 或 KB 来表示。存储容量包括 RAM 和 ROM 两种存储类型，后文将会详细介绍。

4）指令系统。指令系统表示该 PLC 软件功能的强弱。指令越多，编程功能就越强。在完成相同功能的情况下，指令越多，用户程序实现起来就越简单方便。

5）内部寄存器。PLC 内部有许多寄存器用来存放变量、中间结果、数据等，还有许多辅助寄存器可供用户使用。因此寄存器的配置也是衡量 PLC 功能的一项重要指标。

6）扩展能力。扩展能力是反映 PLC 性能的重要指标之一。PLC 除了主控模块外，还可配置实现各种特殊功能的功能模块。例如 A/D 模块、D/A 模块、高速计数模块和远程通信模块等。

1.2.5 PLC 的应用

目前，PLC 在国内外已广泛应用于钢铁、石油、化工、电力、机械加工、自动化楼宇、建材、汽车、纺织机械、交通运输、环保以及文化娱乐等行业。随着 PLC 性价比的不断提高，其应用范围还将不断扩大，从技术的角度来讲具体应用大致可归纳为如下几类。

（1）顺序控制

顺序控制是 PLC 最基本、最广泛应用的领域。PLC 能用于单机控制、多机群控制和自动化生产线的控制。例如数控机床、注塑机、印刷机械、电梯和纺织机械控制等。

（2）计数和定时控制

PLC 为用户提供了足够的定时器和计数器，并设置相关的定时和计数指令。PLC 的计数器和定时器精度高、使用方便，可以取代继电器系统中的时间继电器和计数器。

（3）位置控制

目前大多数的 PLC 制造商都提供拖动步进电动机或伺服电动机的单轴或多轴位置控制模块。这一功能可广泛用于各种机械，如金属切削机床和装配机械等。

（4）模拟量处理

PLC 通过模拟量的输入/输出模块，实现模拟量与数字量的转换，并对模拟量进行控制。有的还具有 PID（Proportional Integral Differential）控制功能。例如用于锅炉的水位、压力和温度控制。

（5）数据处理

PLC 具有数学运算、数据传递、转换、排序和查表等功能，也能完成数据的采集、分析和处理工作。

（6）通信联网

PLC 的通信包括 PLC 之间、PLC 与上位计算机之间以及 PLC 和其他智能设备之间的通信。PLC 系统与通用计算机可以直接相连，或通过通信处理单元、通信转接器相连，构成通信网络，以实现信息交互。并可构成"集中管理、分散控制"的分布式控制系统，满足工厂自动化系统的需求。

任务实施

本任务为开放性主题，请读者自行完成。

习　题

1. _____是以采用各类电动机来驱动的传动装置与系统为对象，以实现生产过程自动化的控制技术。
2. 电气控制系统是由各种_____和_____组成，以实现对机械设备进行电气控制的系统。
3. 用一台电动机通过中间机构实现能量分配与传递，拖动多台生产机械的拖动方式称之为_____。

4. _____控制系统，主要由继电器、接触器、按钮、行程开关等组成，由于其控制方式是断续的，故也称为断续控制系统。

5. _____是一种数字运算操作的电子系统，专为在工业环境下的应用而设计。

6. 从组成结构形式分类可以将 PLC 分为两类：一类是_____，另一类是_____。

7. _____是指 PLC 能够连接外部输入、输出的端口数，常称为点数，用输入与输出点数的和表示。

8. 简述电气与电器的区别。

9. 简述 PLC 在哪些行业有应用，并举例说明。

模块 2　三相电动机的传统控制

任务 2.1　三相电动机的单向运行控制

任务描述

采用常用的低压电器，通过继电控制的方式实现三相电动机的单向运行控制（连续运行控制）。

任务分析

对于三相电动机的单向运行来讲，只要将电能输入电动机，电动机在电能的作用下就能够运转起来。最简单的控制方式就是采用刀开关或者低压断路器实现正转运行控制，在这种控制方式中，操作员操作的是动力电的分断，相对来说危险系数要高一些。因此，通常采用按钮、接触器实现点动、正转控制，在这种控制方式中，电动机电源通断的主电路是由接触器负责分断的，而操作员操作的按钮通路只有很小的电流。这里的电压依然是来自主电路，如果将按钮通路中的 AC 380V 的电压转换成 DC 24V 的电压，操作员操作的危险系数就很低，当然成本会增加。这里提到的点动控制的意思是按下按钮电动机运行，松开按钮电动机停止运行。与之对应的还有连续控制，即按下按钮电动机开始运行，松开按钮电动机依然在运行，停止电动机运行需要用其他按钮实现。

2.1.1　常用的低压电器

低压电器常指用于交流额定电压 1200V、直流额定电压 1500V 及以下的电路中的电器产品。常用的电器主要有低压断路器、刀开关、熔断器、主令电器、接触器和继电器等。

1. 低压断路器

低压断路器（也称自动空气开关或自动开关）。它相当于刀开关、熔断器、热继电器、过电流继电器和欠电压继电器的组合，是一种既有手动开关作用又能自动进行欠电压、失电压、过载和短路保护的电器。它是低压配电网络中非常重要的保护电器，可用于不频繁地接通和分断电路及频繁地起动电动机的应用中。

任务 2.1　认识低压断路器

低压断路器具有多种保护功能（如过载、短路、欠电压保护等）、动作值可调、分断能力高、操作方便、安全可靠等优点，所以目前被广泛应用。

低压断路器按其用途及结构特点分为万能式（曾称框架式）断路器、塑料外壳式断路器、微型断路器等，其外形结构如图 2-1 所示。万能式断路器主要用作配电网络的保护开关，而塑料外壳式断路器除用作配电网络的保护开关外，还可用作电动机、照明电路及热电电路等的控制开关。有的低压断路器还带有漏电保护功能。在工业自动化控制领域主要用到的是微型断路器。

图 2-1　各类低压断路器外形

（1）常见微型断路器的结构与参数标识

微型断路器由热塑外壳、操作手柄、接线孔、导轨卡扣等组成。其中在外壳一般会有该断路器的参数标识，如额定电压、额定电流、产品特征、产品极数、接线方式、安装方式、产品功能、产品认证等。图 2-2 所示的"C32A"就标识该断路器为 C 型，额定电流为 32A。

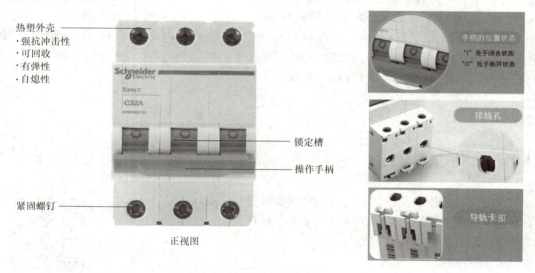

图 2-2　微型断路器的结构与参数标识

（2）低压断路器的极数

低压断路器的板数主要是指主触点数，一般有 1P、2P（1P＋N）、3P、4P 等。通常情况下，1P 的断路器在导轨上所占的宽度为 18mm，也称为占 1 位，在此基础上其他级数的断路器所占宽度依此类推，如图 2-3 所示。

1P：单极断路器，单进单出，只接相线（火线）不接零线，只断相线不断零线，用在 220V 的分支回路上，占 1 位。

2P：双极断路器，接相线和零线；零线和相线都有保护，双断功能，用在 220V 的总开

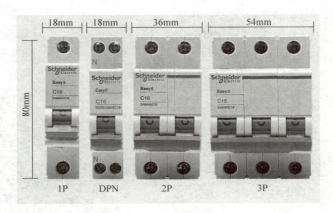

图 2-3　断路器的极数

关或者分支回路上控制大功率电器，如中央空调等，占 2 位。

3P：接三根相线，不接零线，用在 380V 的分支回路上，占 3 位。这种接线方法也称为三相三线制。

4P：接三根相线，一根零线，用在 380V 的线路上，占 4 位。这种接线方法也称为三相四线制。

（3）C 型和 D 型断路器的区别

C 型和 D 型断路器的区别在于脱扣电流范围的大小。C 型：瞬时脱扣电流范围（5 ～ 10）I_N（I_N 为额定电流），用于保护常规负载和配电线缆，一般为家用，或者用于主要负载为阻性负载的设备，有过流保护，没有过载保护。D 型：瞬时脱扣电流范围（10 ～ 14）I_N，用于保护起动电流大的冲击性负载（如电动机、变压器等），有过载保护，没有过流保护。

（4）带漏电保护的低压断路器

漏电保护器是一种电气安全装置。将漏电保护器安装在低压电路中，当发生漏电和触电，且达到保护器所限定的动作电流值时，会立即在限定的时间内动作，自动断开电源进行保护。带漏电保护的低压断路器如图 2-4 所示。其中，漏电保护器一般由 3 个主要部件组成：一是检测漏电流大小的零序电流互感器；二是能将检测到的漏电流与一个预定基准值相比较，从而判断是否动作的漏电脱扣器；三是受漏电脱扣器控制的能接通、分断被保护电路的开关装置。从本质上讲漏电保护器是一种独立的器件，但是一般与低压断路器集成在一起使用。

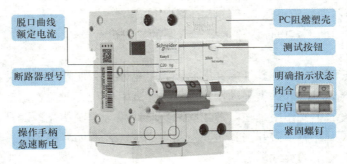

图 2-4　带漏电保护的低压断路器

（5）低压断路器的内部结构与工作原理

低压断路器由操作机构、触头、保护装置（各种脱扣器）和灭弧系统等组成。低压断路器内部结构及示意图如图2-5所示。

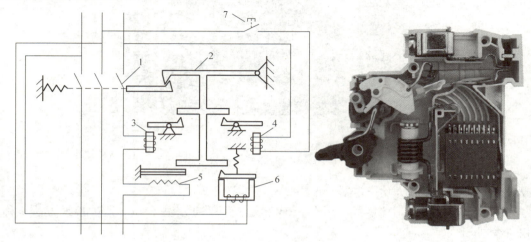

图2-5　低压断路器内部结构及示意图
1—主触头　2—自由脱扣机构　3—过电流脱扣器　4—分励脱扣器
5—热脱扣器　6—欠电压脱扣器　7—启动开关

低压断路器的主触头是靠手动操作或电动合闸的。主触头闭合后，自由脱扣机构将主触头锁在合闸位置。过电流脱扣器的线圈和热脱扣器的热元件与主电路串联，欠电压脱扣器的线圈和电源并联。当电路发生短路或严重过载时，过电流脱扣器的衔铁吸合，使自由脱扣机构动作，主触头断开主电路。当电路过载时，热脱扣器的热元件发热，使双金属片向上弯曲，推动自由脱扣机构动作。当电路欠电压时，欠电压脱扣器的衔铁释放，也使自由脱扣机构动作。分励脱扣器则作为远距离控制用，在正常工作时，其线圈是断电的，在需要远距离控制时，按下起动按钮，使线圈通电，衔铁带动自由脱扣机构动作，使主触头断开。低压断路器的电路图符号如图2-6所示。

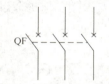

图2-6　低压断路器的电路图符号

（6）低压断路器的选用要求

1）断路器的额定电压和额定电流应大于或等于线路、设备的正常工作电压和工作电流。

2）断路器的极限分断能力大于或等于电路的最大短路电流。

3）电压脱扣器的额定电压等于线路的额定电压。

4）电流脱扣器的额定电流大于或等于线路的最大负载电流。

2. 刀开关

刀开关也称低压隔离器，其外形和电路图符号如图2-7所示。刀开关是低压电器中结构比较简单、应用十分广泛的一类手动操作电器，主要有低压刀开关、熔断器式刀开关和组合开关3种。刀开关的主要作用是在电源切除后，将线路与电源明显地隔开，以保障检修人员的安全。熔断器式刀开关由刀开关和熔断器组合而成，兼有两者的功能，即电源隔离和电路保护功能，可分断一定的负载电流。

普通刀开关是一种结构简单的手控低压电器，广泛用在照明电路和小容量（5.5kW）、不频繁起动的动力控制电路中。刀开关安装时，瓷底应与地面垂直，手柄向上，易于灭弧，不得倒装或平装。倒装时手柄可能因自重落下而引起误合闸，危及人身和设备安全。

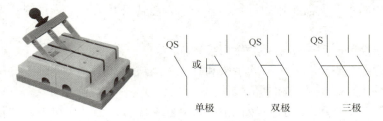

图 2-7　刀开关外形与电路图符号

3. 熔断器

熔断器是一种当电流超过规定值一定时间后，以它本身产生的热量使熔体熔化而分断电路的电器。广泛应用于低压配电系统及用电设备中，作短路和过电流保护。熔断器外形与电路图符号如图 2-8 所示。

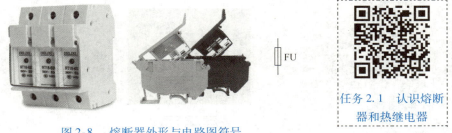

图 2-8　熔断器外形与电路图符号

（1）熔断器的工作原理

熔断器主要由熔体（俗称保险丝）和安装熔体的熔管（或熔座）两部分组成。熔体由熔点较低的材料如铅、锡、锌或铅锡合金等制成，通常制成丝状或片状。熔管是装熔体的外壳，由陶瓷、绝缘钢纸或玻璃纤维制成，在熔体熔断时兼有灭弧作用。

熔断器的熔体串联在被保护电路中。当电路正常工作时，熔体允许通过一定大小的电流而长期不熔断；当电路严重过载时，熔体能在较短时间内熔断；而当电路发生短路故障时，熔体能在瞬间熔断。

（2）熔断器的选用

熔断器的选用主要是依据线路要求、使用场合和安装条件选择，从电气控制的角度来讲主要是考虑额定电压和额定电流，熔断器的额定电压必须大于或者等于电路的工作电压。对于额定电流来讲主要考虑以下几个方面。

1）对于电炉、照明等电阻性负载的短路保护，熔体的额定电流等于或稍大于电路的工作电流。

2）对一台不经常起动且起动时间不长的电动机的短路保护：I_{RN}（熔断电流）$\geq$（1.5~2.5）I_N（额定电流）。

3）对多台电动机的短路保护：$I_{RN} \geq (1.5~2.5) I_N \mathrm{Max} + \Sigma I_N$。

熔断器一般使用标准熔体。更换熔片或熔丝时应切断电源，并换上相同额定电流的熔体，不得随意加大、加粗熔体或者用铜线代替。

4. 主令电器

主令电器主要用来接通或断开控制电路，以发布命令或信号，从而改变控制系统工作状况的电器。常用的主令电器有按钮、行程开关、万能转换开关、主令控制器等。

（1）按钮

按钮在低压控制电路中用于手动发出控制信号。

按钮由按钮帽、复位弹簧、桥式触头和外壳等组成，如图2-9所示。按用途和结构的不同，分为起动按钮、停止按钮和复位按钮等。

起动按钮带有常开触头，按下按钮帽，常开触头闭合；松开按钮帽，常开触头复位。起动按钮的按钮帽一般采用绿色。停止按钮带有常闭触头，按下按钮帽，常闭触头断开；松开按钮帽，常闭触头复位。停止按钮的按钮帽一般采用红色。复位按钮带有常开触头和常闭触头，按下按钮帽，先断开常闭触头再闭合常开触头；松开按钮帽，常开触头和常闭触头先后复位。按钮的内部结构示意图与电路图符号如图2-10所示。

图2-9 按钮开关外形

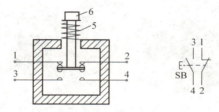

图2-10 按钮的内部结构示意图与电路图符号

1、2—常闭静触头　3、4—常开静触头　5—复位弹簧　6—按钮

（2）行程开关

行程开关又称限位开关或位置开关，是一种利用生产机械某些运动部件的撞击来发出控制信号的小电流主令电器。主要用于机械的运动方向、行程大小的控制或位置保护等。

行程开关的种类很多，如图2-11所示。它有常开触点和常闭触点，由装在运动部件上的挡块来撞动。当运动部件到达一定行程位置时，其上的挡块撞动行程开关，使常开触点闭合，常闭触点断开。

行程开关的结构、工作原理与按钮相同，区别在于行程开关不是由手触碰，而是利用运动部件上的挡块碰压使得触头动作，分自动复位和非自动复位两种，其电路图符号如图2-12所示。

图2-11 行程开关外形

图2-12 行程开关电路图符号

（3）主令控制器

主令控制器（又称主令开关），外形结构如图 2-13 所示。主要用于电气传动装置中，按一定顺序分合触头，达到发布命令或对其他控制线路联锁、转换的目的。适用于频繁对电路进行接通和切断，常配合磁力启动器对绕线式异步电动机的起动、制动、调速及换向实行远距离控制，广泛用于各类起重机械拖动电动机的控制系统中。

5. 接触器

接触器是一种用于频繁地接通和断开交、直流主电路及大容量控制电路的自动切换电器，在电力拖动控制系统中大量使用，其外形结构如图 2-14 所示。在功能上，接触器除能自动切换外，还具有一般手动开关所不能实现的远距离操作功能和欠（零）电压保护功能。在 PLC 控制系统中，接触器常作为输出执行元件，用于控制电动机、电热设备、电焊机、电容器组等负载。

任务 2.1　认识接触器

图 2-13　主令控制器　　　　　　图 2-14　接触器

（1）接触器的内部结构与工作原理

接触器主要由电磁系统、触头系统和灭弧装置组成。

1）电磁系统。电磁系统包括动铁心、静铁心和电磁线圈 3 部分，其作用是将电磁能转换成机械能，产生的电磁吸力带动触头动作。接触器的内部结构示意图及电路图符号如图 2-15 所示。

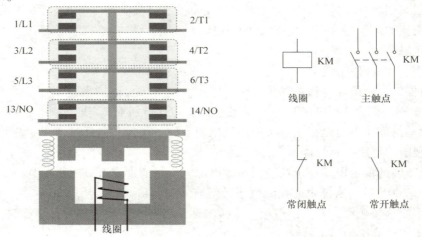

图 2-15　接触器的内部结构示意图与电路图符号

2）触头系统。触头是接触器的执行元件，用来接通或断开被控制电路。触头按照所控制的电路可分为主触头和辅助触头。主触头用于接通或断开主电路，允许通过较大的电流；辅助触头用于接通或断开控制电路，只能通过较小的电流。触头按其初始状态可分为常开触头和常闭触头；初始状态（线圈未通电）断开，线圈通电后闭合的触头称作常开触头；初始状态闭合，线圈通电后断开的触头称作常闭触头（线圈断电后所有触头复原）。

3）灭弧系统。触头由闭合状态过渡到断开状态的过程中将产生电弧，这是气体自持放电形式之一，是一种带电粒子流。电弧的外部有白炽弧光，内部有很高的温度和密度很大的电流。电弧的出现延长了切断的时间，且电弧的高温会烧坏附近的电气绝缘材料，并腐蚀触头。为保证电路和电气元器件工作安全可靠，必须采取有效的措施进行灭弧。要使电弧熄灭，应设法降低电弧的温度和电场强度。常用的灭弧装置有电动力灭弧、灭弧栅和磁吹灭弧。

接触器的工作原理是：当接触器的电磁线圈通电后，线圈电流产生磁场，使静铁心产生电磁吸力吸引衔铁，并带动触头动作，即常闭触头断开，常开触头闭合，两者是联动的。当线圈断电时，电磁吸力消失，衔铁在释放弹簧的作用下释放，使触头复原，即常开触头断开，常闭触头闭合。

（2）接触器的分类

接触器按其主触头所控制主电路电流的种类分为交流接触器和直流接触器两种。

1）交流接触器。交流接触器的电磁线圈通以交流电，主触头接通，切断交流主电路。

当交变磁通穿过铁心时，将产生涡流和磁滞损耗，使铁心发热。为减少铁损，铁心用硅钢片冲压而成。为便于散热，线圈做成短而粗的圆筒状绕在骨架上。交流电源频率的变化使衔铁产生强烈振动和噪声，甚至使铁心松散。因此，交流接触器的铁心端面上都安装了铜制的短路环。

2）直流接触器。直流接触器的电磁线圈通以直流电，主触头接通，切断直流主电路。

直流接触器的电磁线圈通以直流电，铁心中不会产生涡流和磁滞损耗，所以不会发热。为便于加工，铁心用整个钢块制成。为使线圈散热良好，通常将线圈绕制成长而薄的圆筒状。直流接触器灭弧较困难，一般采用灭弧能力较强的磁吹灭弧装置。

以上可以看出直流接触器和交流接触器是有区别的。因此，在使用的时候一定要根据电路的特点合理选用。一般情况下主要考虑线圈是交流还是直流，在市面上有线圈是直流，而触点可以通交流的接触器，在使用 PLC 控制电动机的运行中，绝大多数情况下都是采用的这种类型的接触器。

（3）接触器的选用

1）接触器的额定电压是指主触头的额定电压，应等于负载的额定电压。通常交流接触器电压等级有 380V、660V、1140V 等；直流接触器电压等级有 220V、440V、660V 等。

2）接触器的额定电流是指主触头的额定电流，应等于或稍大于负载的额定电流（按接触器设计时规定的使用类别来确定）。

3）电磁线圈的额定电压等于控制回路的电源电压，通常交流电磁线圈电压等级有 36V、127V、220V、380V 等；直流电磁线圈电压等级有 24V、48V、110V、220V 等。使用时，一般交流负载用交流接触器，直流负载用直流接触器，但对于频繁动作的交流负载，可选用带直流电磁线圈的交流接触器。

4）接触器的触头数目应能满足控制线路的要求。各种类型的接触器触头数目不同。接触器的主触头有 3 对（常开触头），辅助触头有若干对（最常见的有 2 对常开、2 对常闭）。

5）接触器的额定操作频率是指每小时接通的次数。通常交流接触器为 600 次/h；直流接触器为 1200 次/h。

6. 继电器

继电器主要用于控制与保护电路或信号转换。当输入量变化到某一定值时，继电器动作，其触头接通或断开交、直流小容量的控制电路。

继电器的种类很多，常用的分类方法有以下几种。

1）按用途分，有控制继电器和保护继电器等。
2）按动作原理分，有电磁式继电器、感应式继电器、电动式继电器、电子式继电器和热继电器等。
3）按输入信号的不同来分，有电压继电器、中间继电器、电流继电器、时间继电器和速度继电器等。

任务 2.1　认识继电器

（1）电磁式继电器

常用的电磁式继电器有电压继电器、中间继电器和电流继电器。

电磁式继电器的结构和工作原理与接触器相似。由电磁系统、触头系统和释放弹簧等组成，电磁式继电器的结构示意图如图 2-16 所示。由于继电器用于控制电路，因此流过触头的电流比较小，故不需要灭弧装置，这也是继电器与接触器最大的区别之一。

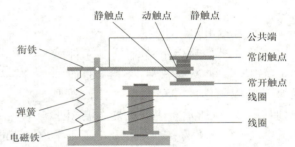

图 2-16　电磁式继电器的结构示意图

电磁继电器中最常用的是中间继电器。中间继电器实质上是一种电压继电器，但它的触点数量较多，容量较大，起到中间放大（触点数量和容量）作用。适用于交流 500V 以下的控制线路，常见的线圈额定电压为交流 12V、36V、127V、220V 及 380V 五种。适用于直流 110V 以下的控制电路，常见的线圈额定电压为直流 12V、24V、48V、110V 4 种，线圈消耗功率不大于 3W。中间继电器外形结构如图 2-17 所示。

图 2-17　中间继电器外形

中间继电器的触点是成组出现的，即由 3 个引脚构成一组引脚。这组引脚中有一个是公共端，由公共端和其他的两个引脚分别构成了常开和常闭的触点。一般中间继电器中包含的触点组数有两组、3 组和 4 组几种，图 2-18 所示是包含 4 组触点的中间继电器以及引脚的编号。中间继电器的电路图符号如图 2-19 所示。

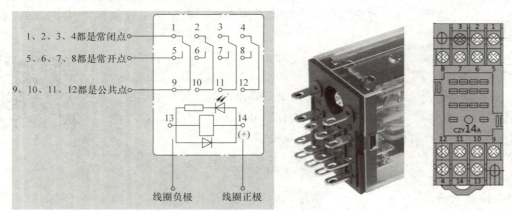

图 2-18 中间继电器引脚编号与内部工作原理

（2）热继电器

热继电器是利用电流流过热元件时产生的热量，使双金属片发生弯曲而推动执行机构动作的一种保护电器，外形结构如图 2-20 所示。热继电器主要用于

图 2-19 中间继电器的电路图符号

交流电动机的过载保护、断相及电流不平衡运动的保护及其他电气设备发热状态的控制。热继电器还常和交流接触器配合组成电磁启动器，广泛用于电动机的长期过载保护。

图 2-20 热继电器外形

电动机在实际运行中，经常会遇到过载的情况。但只要过载不严重、时间短，绕组不超过允许的温升，这种过载是允许的。但如果过载情况严重、时间长，则会加速电动机绝缘体的老化，甚至烧毁电动机，因此必须对电动机进行长期过载保护。

1）热继电器结构与工作原理。热继电器主要由热元件、双金属片和触头等组成，如图 2-21a 所示。热元件由发热电阻丝做成，双金属片由两种热膨胀系数不同的金属辗压而成。当双金属片受热时，会出现弯曲变形。使用时，把热元件串接于电动机的主电路中，而常闭触头串接于电动机的控制电路中。热元件通电发热后，双金属片受热向左弯曲，推动导板向左运动。当电动机正常运行时，热元件产生的热量虽能使双金属片弯曲，但还不足以使热继电器的触头动作。当电动机过载时，双金属片弯曲位移增大，推动导板使常闭触头断开，从而切断电动机控制电路，以起到保护作用。热继电器动作后，经过一段时间的冷却，能自动或手动复位。热继电器电路图符号如图2-21b所示。

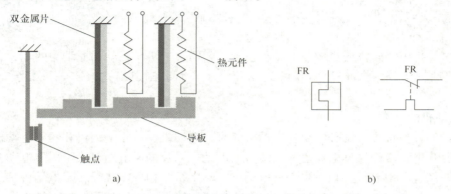

图2-21 热继电器的结构示意图与电路图符号
a) 热继电器的结构 b) 热继电器的电路图符号

对于三相异步电动机,定子绕组为三角形联结的电动机必须采用带断相保护的热继电器。因为将热继电器的热元件串接在三角形联结的电动机电源进线中,并且按电动机的额定电流来选择热继电器。当故障线电流达到额定电流时,在电动机绕组内部,电流较大的那一相绕组的故障相电流将超过额定相电流。由于热元件串接在电源进线中,因此热继电器不会动作,但对电动机来说就有过热危险。为了对三角形联结的电动机进行断相保护,必须将3个热元件分别串接在电动机的每相绕组中。这时热继电器的整定电流值按每相绕组的额定电流来选择。但是这种接线复杂,且导线也较粗。针对我国生产的三相笼型异步电动机、功率在4kW及以上者大都采用三角形联结。为解决这类电动机的断相保护,设计了带有断相保护装置的三相结构热继电器。

热继电器的选择主要根据电动机的额定电流来确定其型号及热元件的额定电流等级。热继电器的整定电流通常等于或稍大于电动机的额定电流,每种额定电流的热继电器可装入若干种不同额定电流的热元件。由于热惯性的原因,热继电器不能用作短路保护。因为发生短路事故时,要求电路立即断开,而热继电器却不能立即动作。正是因为热惯性在电动机起动或短时过载时使热继电器不会动作,从而保证了电动机的正常工作。

2)整定电流。整定电流是继电保护中的一个重要术语。其意思是在继电保护判断跳闸时与实际电流相比对的标准值。整定值是人为规定的,是根据电路、电网承受能力计算出的值。这个电流是人为在热继电器或者电动机专用断路器上调节选择的一个电流值,它和额定电流是两个不同的概念。热继电器上的整定电流调节旋钮如图2-22所示。

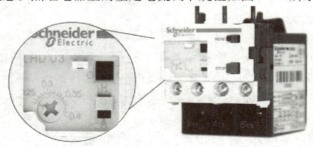

图2-22 热继电器上整定电流的调节旋钮

2.1.2 认识电动机

电动机是把电能转换成机械能的一种设备。它解决了机械拖动的原动力问题，尤其推动了机械加工工业的发展。经过多年的研制开发，人们已制造出适应多领域需要的多种电动机。

1. 电动机的分类

电动机的种类很多，可分为交流电动机和直流电动机、单相电动机和三相电动机、同步电动机和异步电动机、笼型电动机和绕线转子电动机以及调速电动机、防爆型电动机等。其中，在工业场合常用的是三相异步笼型电动机，其次是三相异步绕线转子电动机。笼型电动机是因电动机的转子被浇注成鼠笼型而得名。绕线转子电动机则是因其转子铁心上绕制着转子绕组而得名。

2. 电动机的工作原理

电动机是一种旋转的电磁转换元件。当把三相交流电输入电动机时，在定子上产生三相合成的旋转磁场，置于磁场中的转子上则产生三相感应电动势和感应电流，随之产生与定子磁场方向相反的三相合成磁场。定子磁场与转子磁场相互作用，形成旋转力矩，推动转子旋转。电动机的磁极对数越少，转速越高；磁极对数越多，转速越低。其旋转力矩越大，负载能力越大，输出功率越大。

3. 电动机的技术参数

1）额定电压（U_N）。额定电压是指电动机设计时确定的工作电压，通常单位为 V。它与所在电网电源电压相同。虽然额定电压是个定值，但允许它在所定的范围内偏移。

2）额定电流（I_N）。电动机的额定电流是指在额定电压、额定功率且频率不变的条件下，定子绕组的工作电流，通常单位为 A。当电源电压、负载功率以及频率发生变化时，电动机的工作电流亦随着变化。

3）额定容量。额定容量是指在额定电压、额定电流及频率在固定的工频（50Hz 或 60Hz）条件下做功的能力，也称为额定功率，通常单位为 kW 或 W。

4）额定转速。额定转速是指在电压、电流、频率及功率都在额定条件下，电动机的转速。如前所述，电动机的转速与磁极对数相对应。两极电动机同步转速为 3000r/min，异步转速为 2950r/min 左右。4 极电动机同步转速为 1500r/min，异步转速为 1450r/min 左右。但是，受负载状态、传动等因素的影响，电动机的实际转速要比额定转速稍低些。

5）功率因数（$\cos\varphi$）。功率因数是指电动机输出的有功功率与总功率之比，或者说是输出有功电流与总电流的比值，也称为有功功率因数。

6）电动机绕组的接法。在选用电动机时，一定要注意其绕组的接法。三相电动机绕组有 3 种接法：一是将电动机的绕组接成星形（Y）；二是将电动机绕组接成三角形（△）；三是电动机的绕组既可接成星形，也可接成三角形（Y/△）。

7）极数。极数即定子磁场的总极数。它决定电动机的转速，不同的极数对应着不同的转速。

8）转差率。转差率是指同步转速与实际转速之差和同步转速的比值。转差率是异步电动机的一个重要参数，其大小可反映异步电动机的各种运行情况和转速的高低。异步电动机负载越大，转速就越低，其转差率就越大；反之，负载越小，转速就越高，其转差率就越小。

4. 电动机的选用

电动机的选用是电力传动中一项很重要的事情。它不仅要考虑相关的电参数，还必须考虑传动方式、防护形式及安装环境等问题。因此，应符合以下要求。

1）额定电压要与电源电压相同。

2）额定功率要满足负载的需要，额定电流要等于或大于负载电流，且与负载相匹配。不要选大，也不要选小。轻载时，应在额定电流的 70% 以上。重载时，不允许长时间过载。

3）电动机的结构形式应与安装环境相适应。石油化工、煤矿等企业应选防爆型电动机；尘埃较重的场所应选封闭型电动机。电动机尽量安装在无化学腐蚀、无火灾爆炸隐患的场所。

4）电动机的接线要整齐、绝缘良好、接线端紧固，且要有良好的保护措施，防止绝缘破损、跑电漏电。

5）保护装置齐全、保护定值正确、接地良好。电动机所在系统只能采取一种接地方式，杜绝接地接零混用，接地电阻应符合要求。

任务实施

2.1.3 三相电动机的点动控制

采用按钮和接触器实现正转点动、连续控制的电路图如图 2-23 所示。其中图 2-23a 是主电路，图 2-23b 是控制电路，图中带斜杠的圆圈表示三相电的电源 L1、L2、L3，对于控制电路来讲，只要从 L1、L2、L3 取任意两相即可。当按下按钮 SB 时，接触器 KM 的线圈得电，其主触点闭合，三相电动机运转；松开按钮 SB 时，接触器 KM 的线圈断电，其主触点断开，三相电动机停止运转。

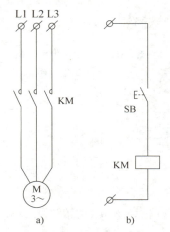

任务 2.1 三相电动机点动控制电路分析

图 2-23 按钮和接触器实现点动、正转控制电路图
a）主电路 b）控制电路

2.1.4 三相电动机的连续运行控制

控制电路电源为 AC 380V，采用按钮、接触器等低压电器实现三相异步电动机的连续运

行控制的电路如图 2-24 所示。当按下按钮 SB2 时，接触器 KM 的线圈得电，其主触点闭合，三相电动机运转。与此同时，接触器 KM 的常开辅助触点也闭合。当松开按钮 SB2 时，由于电流依然可以通过 SB1、接触器 KM 的辅助触点到达接触器 KM 的线圈，所以接触器 KM 的主触点得以保持接通，这就是常说的自保持功能。当按下 SB1 时，控制电路断开，接触器 KM 的线圈断电，接触器 KM 的主触点断开，三相电动机停止运转，同时接触器 KM 的辅助触点也断开。当松开按钮 SB1 时，由于按钮 SB2 和接触器 KM 的辅助触点都是断开的，接触器 KM 的线圈依然保持断电状态。

　　控制电路电源为 DC 24V，采用按钮、接触器等低压电器实现三相异步电动机的连续运行控制的电路如图 2-25 所示。这个电路的控制逻辑与图 2-24 是相同的，不同之处在于控制电路的电压规格为 DC 24V。所以这里需要注意的是所要用到的接触器就和图 2-24 的有所不同，其线圈电压也是 DC 24V 的规格，而主触点是 AC 380V 的规格。

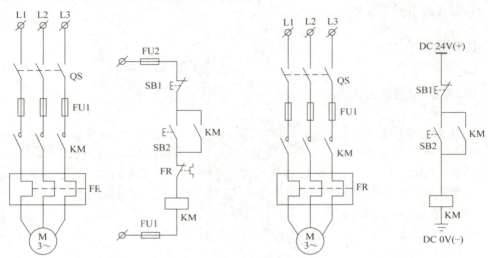

图 2-24　三相异步电动机的连续　　　　图 2-25　三相异步电动机的连续
　　　　运行控制的电路图 1　　　　　　　　　　　运行控制的电路图 2

任务2.2　三相电动机的正反转运行控制

任务描述

　　采用常用的低压电器，通过硬接线的方式实现三相异步电动机的正反转运行控制，要求自行制作连接电线。

任务分析

　　三相异步电动机正反转运行控制的原理是，只要将输入电动机的三相电中的任意两相调换顺序，电动机即可实现反转。因此，正反转控制的思路就是通过接触器实现调换接入电动机电源相序。连接电线制作就是根据器件之间的距离裁剪相应长度的电线，并在电线端头压制冷压端子。

知识学习

2.2.1 常用的电气附件

常用的电气附件包括电线电缆、接线端头（端子）、端子排、电气导轨、配线槽和尼龙扎带等。

1. 电线电缆

电线电缆用于电力输送、电气设备或通信等不同场合，电线电缆的种类非常多。

任务2.2 认识电气附件

一般电控柜内的控制电路（也叫二次电路）多使用截面积为0.3～1.5mm^2的电线（铜）连接，二次电路一般不用铝电线。电线的颜色有多种，可以根据国标规范及需要选择，如接地线只能选择白绿两色外观的电线。二次电路电线的常用型号有BV、BVR、RV等。

主电源线路（也叫一次电路或动力电路）根据电路工作电流的大小选择相应截面积的电线或电缆。电流太大时，因电线或电缆走线不方便，在电控柜内常用铜排（或铝排）代替动力电线或电缆，有时也用铜丝制成的软铜排。铜排比铝排的载流量要大，铜排也叫铜母线、汇流排。为了避免铜表面氧化后接触不良，铜排表面一般需要做镀锡处理。

为便于检查相线的对错，三相电源线用A、B、C表示。A、B、C在柜内按上中下、左中右、后中前布置。A、B、C相对应的色标是A相为黄、B相为绿、C相为红，零线（N相）为淡蓝、保护接地（PE）为黄绿。

控制柜到电动机之间的连接多用动力电缆。连接现场设备和控制柜之间的控制线常采用多芯控制电缆或带屏蔽的多芯控制电缆。一般控制电缆每根线的截面积为1～1.5mm^2，常用型号有KVV、KVVP。传输压力、流量、温度等弱电信号时，常采用多芯屏蔽电缆或屏蔽双绞电缆，也可以使用控制电缆连接。用于PLC之间、控制器之间、带通信功能的传感器等设备之间通信信号的传输，需要采用屏蔽通信电缆，且多采用2芯的屏蔽双绞线。所谓双绞线就是两根线绕在一起形成一对双绞线。

电线一般指单根铜芯线或单股多丝线，芯数少、截面积小、结构简单、耐压等级比较低（450V/750V）。电缆一般由多根互相绝缘的导线组成，耐压等级一般较高，450V/750V及以上的耐压等级都有，耐压1000V以下的为低压电缆。电线和电缆的区别有时并不明显。电线电缆除了单根截面积和根数外，还有绝缘耐压、铠装、屏蔽层、阻燃、耐火、耐油、耐寒、耐高温、防鼠、镀银、是否为补偿导线等方面的要求，需要根据实际的要求选取。常用电线如图2-26所示。

2. 冷压接线端头、压线帽

为了将电线牢固地安装在电气元器件、控制设备或端子排的端子上，将电线或电缆裸露出的金属头部先插入一个冷压接线端头（端子），用冷压钳压紧。经冷压压接后，再将冷压接线端头接到端子上，这样可以实现可靠的连接，并且拆卸方便。常用的冷压接线端头、压线帽的外形如图2-27所示。

压线帽用于将两根剥出的金属部位压接在一起，用冷压钳压接，使两根导线连接为一体。压线帽上的塑料外壳提供绝缘作用，所以不再需要包覆绝缘胶布，使用十分方便。

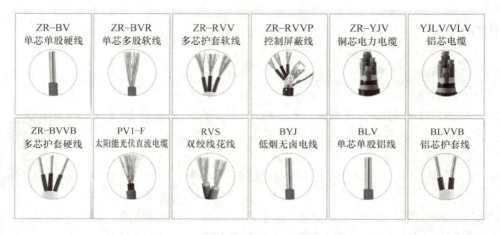

图 2-26 常用电线

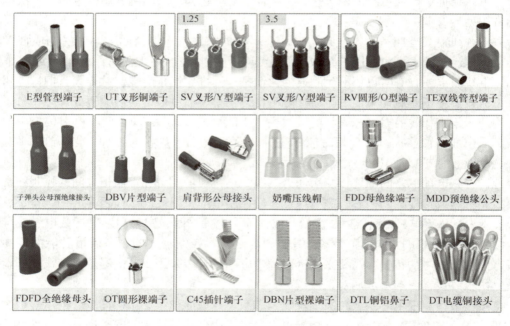

图 2-27 常用冷压接线端头、压线帽

冷压接线端头的种类很多。有绝缘护套的称为预绝缘，没有绝缘护套的称为非绝缘或裸接头。其余还有叉形（或 U 形）冷压接线端头（压接后部的连接部位）、圆形冷压接线端头、针形冷压端头、钩形冷压端头、片形冷压端头、管形冷压端头（把线穿入管中，对管进行压接）、开口铜鼻子、油堵铜鼻子等。

3. 端子排

当电控柜需要同箱外装置、远端控制盘或柜门上的元器件连接时，多数情况下，为了便于集成到控制柜和集中接线装配，外边的电线不是直接接到内部元器件上的，而是先将柜内需要外接的点连接到端子排上，再通过端子排连接外界元器件，端子排方便了导线的连接。电气控制柜中常见的端子排外形如图 2-28 所示。

端子排（也叫接线排）就是在绝缘塑料里面分布了多个互相绝缘的金属端子，每个金

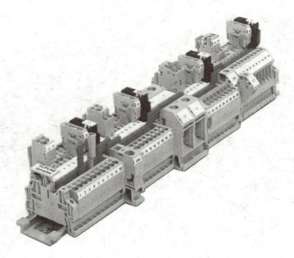

图 2-28　常见的端子排外形

属端子上有可以插入导线的插孔，或有用于紧固的螺钉，用于连接外面的导线。目前也有插拔式连接的端子排，也叫笼式弹簧接线端子排，它是利用一个工具按压一下簧片，使接线孔张开，将导线插入后，拔出工具，导线就被簧片夹紧了，使用十分方便。也有端子排的连接不需要工具就可以进行，是利用端子上自带的压紧把手。也有些输入/输出弱电信号的端子排还带有光电隔离功能。

4. 电气导轨

电气导轨用于安装端子排、断路器、中间继电器、交流接触器、传感器的变送模块、信号隔离模块、PLC、控制器、避雷器等器件。很多电气元器件和控制器需要安装在导轨上，导轨用钢板、铝合金等不同材料制成。导轨上的孔用于将导轨安装到控制柜框架或安装板上，导轨上翘的边沿用于卡住安装到导轨上的电气元器件，电气导轨和安装样式如图 2-29 所示。

图 2-29　电气导轨

5. 配线槽

配线槽简称线槽。控制柜内的线路较多时，为了美观，同时也为布线和维修都方便，把电线放入配线槽中。多数配线槽由底槽和槽盖两部分组成，也有配线槽的槽盖和底槽是一体的，只在一面可以掀开。槽盖的边沿可以紧扣在底槽上，底槽两边有出线孔，拆卸方便、易于配线。使用时，先将底槽固定在安装板或框架上，再将电线装入配线槽中。配线槽具有绝缘、阻燃、耐高温等特性。配线槽的颜色有灰色、深灰色、白色、黑色、青色等。控制柜内使用的配线槽多为灰色或深灰色的 PVC 配线槽，柜外安装的也有铝合金配线槽。电气元器件和控制器的接出线通过配线槽两侧的出线孔穿入或放入配线槽中。配线槽的样式、尺寸和规格有多种，根据需要选择。控制柜内一般用的是开口式配线槽，如图 2-30 所示。

6. 尼龙扎带

尼龙扎带也叫扎带、扎线，用于捆绑电线，以使布线显得规整。用力一拉就可以将电线电缆扎紧，且越拉越紧。尼龙扎带的头上有止退结构，保证扎带上的齿纹只能向前拉。带有标牌的尼龙扎带叫标牌尼龙扎带或尼龙标志扎带。尼龙扎带捆扎方便，绝缘、耐酸、耐老化。尼龙扎带外形如图 2-31 所示。

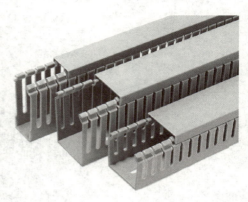

图 2-30　开口式配线槽

图 2-31　尼龙扎带

2.2.2　电线的制作工艺

电线的制作工艺主要包括导线拉直、定尺剪线、剥头（去绝缘层）捻头、套入冷压端子、压线等环节，如图 2-32 所示。

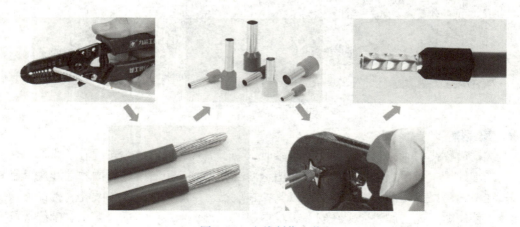

图 2-32　电线制作工艺

任务实施

2.2.3 三相电动机的正反转控制

实现三相电动机正反转控制的电路如图 2-33 所示,图中主电路为 AC 380V 工作电压,控制电路为 DC 24V 工作电压。

当按下按钮 SB2 时,接触器 KM1 的线圈得电,其主触点闭合;电动机的 U 相接线端连接至 L1,V 相接线端连接至 L2,W 相接线端连接至 L3;同时由于接触器 KM1 常开的辅助触点形成了自保持电路,使得电动机实现连续运行。当按下按钮 SB1 时,接触器 KM1 的线圈断电,其主触点断开,电动机停止运转。当按下按钮 SB3 时,接触器 KM2 的线圈得电,其主触点闭合;电动机的 U 相接线端连接至 L3,V 相接线端连接至 L2,W 相接线端连接至 L1;同时由于接触器 KM2 常开的辅助触点形成了自保持电路,与前一种情况相比,电动机的供电相序发生了变化,因此电动机向反方向连续运行。需要注意的是,在这个电路里面,按钮 SB2 和按钮 SB3 不能同时按下,因为一旦同时按下,由于接触器 KM1 和 KM2 的主触点同时接通,会使得电源短路。

任务 2.2 三相电动机正反转电路模拟连接

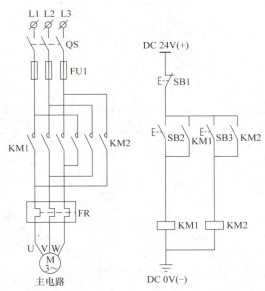

图 2-33 三相异步电动机正反转控制电路

习 题

1. 低压电器常指用于交流额定电压_____V、直流额定电压_____V 及以下的电路中的电器产品。

2. _____是一种既有手动开关作用又能自动进行欠电压、失电压、过载和短路保护的电器。

3. _____是一种当电流超过规定值一定时间后,以它本身产生的热量使熔体熔化而分断电路的电器。

4. _____是一种用于频繁地接通和断开交、直流主电路及大容量控制电路的自动切换电器，在电力拖动控制系统中大量使用。

5. _____实质上是一种电压继电器，但它的触点数量较多，容量较大，起到中间放大（触点数量和容量）的作用。

6. 按线圈电流种类不同分为_____接触器和_____接触器。

7. 电线的制作工艺是：导线拉直→定尺剪线→_____→ 套入接线端子 → _____→完成。

8. 控制柜中常用 DIN 导轨来安装低压电器，它的标准宽度是_____。

9. 电线的横截面积越大，可以通过的电流就越 _____（大或者小）。

10. 接触器上的常开辅助触点的符号是 _____（NC 或 NO）。

11. 接触器和中间继电器可以互换使用吗？为什么？

12. 电动机有哪些种类？工业现场常用的是哪种？

13. 在控制柜内布线时，选择导线需要考虑哪些因素？

模块 3　认识S7-1200 PLC与博途编程软件

任务 3.1　西门子 S7－1200 系列 PLC 的认识与安装

 任务描述

安装和拆卸 S7－1200 系列 PLC。

 任务分析

S7－1200 PLC 尺寸较小，易于安装，可以有效地节省空间。安装时应注意以下几点。

1）将 S7－1200 PLC 水平或垂直安装在面板或标准导轨上。

2）S7－1200 PLC 采用自然冷却方式，因此要确保其安装位置的上、下部分与邻近的设备之间至少留出 25mm 的距离，并且 S7－1200 PLC 与控制柜外壳之间的距离至少为 25mm（安装深度）。

3）当采用垂直安装方式时，其允许的最大环境温度要比水平安装方式降低 10℃，并要确保 CPU 安装在最下面。

 知识学习

3.1.1　PLC 的结构与工作原理

1. PLC 的硬件组成

PLC 的种类繁多，但其基本结构和工作原理相同。PLC 一般由 CPU（中央处理器）、存储器、通信接口和输入/输出接口等部分组成，如图 3-1 所示。

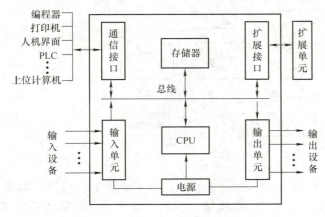

图 3-1　PLC 的结构框图

任务 3.1　PLC 基础知识 1

（1）CPU

CPU 的功能是完成 PLC 内所有的控制和监视操作。CPU 一般由控制器、运算器和寄存器组成。CPU 通过数据总线、地址总线和控制总线与存储器、输入/输出接口电路连接。

（2）存储器

在 PLC 中使用两种类型的存储器：一种是只读类型的存储器 ROM，另一种是可读/写的随机存储器 RAM。需要说明的是，这里所说的 ROM 泛指 PROM（可编程只读存储器）、EPROM（可擦可编程序只读存储器）和 EEPROM（带电可擦可编程只读存储器）等多种存储器。随着微电子技术的发展，这些存储器将逐渐被淘汰，进而由 FLASH 存储器取而代之，如今提到 ROM 其实更多的就是指 FLASH 存储器。PLC 的存储器分为 5 个区域，如图 3-2 所示。

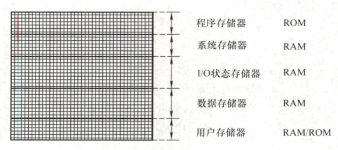

图 3-2　存储器的划分

程序存储器的类型是 ROM。PLC 的操作系统存放在这里，操作系统的程序由制造商固化，通常不能修改。存储器中的程序负责解释和编译用户编写的程序、监控 I/O 口的状态、对 PLC 进行自诊断以及扫描 PLC 中的程序等。系统存储器属于 RAM，主要用于存储中间计算结果、数据和进行系统管理。有的 PLC 厂家用系统存储器存储一些系统信息如错误代码等，系统存储器不对用户开放。I/O 状态存储器属于 RAM，用于存储 I/O 装置的状态信息，每个输入接口和输出接口都在 I/O 映像表中分配一个地址，而且这个地址是唯一的。数据存储器属于 RAM，主要用于数据处理功能，为计数器、定时器、算术计算和过程参数提供数据存储。用户存储器的类型可以是 RAM 也可以是 ROM。存储器的关系如图 3-3 所示。

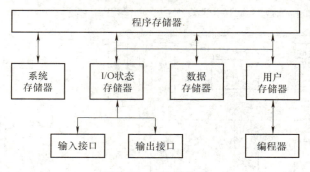

图 3-3　存储器关系

ROM 可以用来存放系统程序，PLC 断电后再上电，系统内容不变且重新执行。ROM 也可用来固化用户程序和一些重要参数，以免因偶然操作失误而造成程序和数据的破坏或丢失。RAM 中一般存放用户程序和系统参数。当 PLC 处于编程工作时，CPU 从 RAM 中取指令并执行。用户程序执行过程中产生的中间结果也在 RAM 中暂时存放。RAM 通常由 CMOS

型集成电路组成，功耗小、存取速度快，但断电时数据会消失，所以一般会配备电池保证掉电后 PLC 的数据在一定时间内不丢失。

（3）输入/输出（I/O）接口

PLC 的输入和输出信号可以是开关量或模拟量。I/O 接口是 PLC 内部弱电信号和工业现场强电信号联系的桥梁。I/O 接口主要有两个作用：一是利用内部的电隔离电路将工业现场和 PLC 内部进行隔离，起保护作用；二是调理信号，可以把不同的信号（如强电、弱电信号）调理成 CPU 可以处理的信号。

任务 3.1　PLC 基础知识 2

I/O 接口模块是 PLC 系统中最大的部分。I/O 接口模块通常需要电源，输入电路的电源可以由外部提供，对于模块化的 PLC 还需要背板（安装机架）。

1）输入接口电路

输入接口电路的组成和作用。输入接口电路由接线端子、输入调理电路和电平转换电路、模块状态显示、电隔离电路和多路选择开关模块等组成。现场的信号必须连接在输入端子才可以将信号输入到 CPU 中，它提供了外部信号输入的物理接口。调理和电平转换电路十分重要，可以将工业现场其他规格的电信号（如强电 AC 220V 信号）转换成 CPU 可以识别的弱电信号。电隔离电路主要是利用电隔离器件将工业现场的机械或者电输入信号和 PLC 的 CPU 的信号隔开。它能确保过高的电干扰信号和浪涌不串入 PLC 的微处理器，从而起到保护作用。通常有 3 种隔离方式，用得最多的是光电隔离，其次是变压器隔离和干簧继电器隔离。当外部有信号输入时，输入模块上有指示灯显示，这个灯通常是 LED 灯。多路选择开关接收调理完成的输入信号，并存储在多路开关模块中。当输入循环扫描时，多路开关模块将信号输送到 I/O 状态寄存器中。

输入信号的设备种类。当输入是开关量信号时，输入端的设备类型可以是限位开关、按钮、压力继电器、继电器触点、接近开关、选择开关以及光电开关等，如图 3-4 所示。当输入为模拟量信号时，输入设备的类型可以是压力传感器、温度传感器、流量传感器以及力传感器等。

常用的开关量输入接口，按其使用电源的不同有 3 种类型：直流输入接口、交流输入接口和交/直流输入接口。

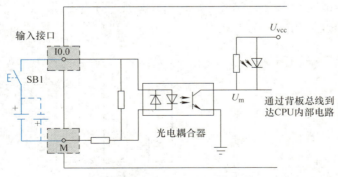

图 3-4　开关量输入接口的结构

2）输出接口电路

输出接口电路的组成和作用。输出接口电路由多路选择开关模块、信号锁存器、电隔离电路、模块状态显示、输出电平转换电路和接线端子等组成。在输出扫描期间，多路选择开关模块接收来自输出映像寄存器中的输出信号，并对这个信号的状态和目标地址进行译码，最后将信息送给锁存器。信号锁存器是将多路选择开关模块信号保存起来，直到下一次更新。输出接口的电隔离电路作用和输入模块一样，但是由于输出模块输出的信号比输入信号要强得多，因此要求隔离电磁干扰和浪涌的能力更高。输出电平转换电路将隔离电路送来的信号放大成可以驱动现场设备的信号，放大器件可以是继电器、晶体管和双向晶闸管等。输出端口的接线端子用于将输出模块与现场设备相连接。

PLC 有 3 种输出接口形式，分别是继电器输出、晶体管输出和晶闸管输出。继电器输出形式的 PLC 负载电源可以是直流电源或交流电源，但其输出频率响应较慢，其内部电路如图 3-5a 所示。晶体管输出形式的 PLC 负载电源是直流电源，其输出频率响应较快，其内部电路如图 3-5b 所示。晶闸管输出形式的 PLC 负载电源是交流电源，其内部电路如图 3-5c 所示。选型时，要特别注意 PLC 的输出形式。

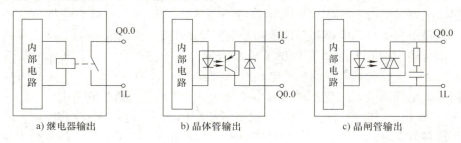

图 3-5　PLC 3 种输出接口形式的内部电路

a) 继电器输出形式　b) 晶体管输出形式　c) 晶闸管输出形式

输出信号的设备和类。当输出端为开关量信号时，输出端的设备类型可以是电磁阀的线圈、接触器线圈、继电器线圈、电动机启动器、控制柜的指示器、LED 灯、报警器和蜂鸣器等。当输出为模拟量信号时，输出设备的类型可以是流量阀、交流驱动器（如交流伺服驱动器）、直流驱动器、模拟量仪表、温度控制器和流量控制器等。

2. PLC 的工作原理

PLC 通电后，首先对硬件和软件做一些初始化操作。这一过程包括对工作内存的初始化，复位所有的定时器，将输入/输出位清零，检查 I/O 单元配置、系统通信参数配置等，如有异常则发出报警信号。初始化完成之后，PLC 将反复不停地分步处理各种不同的任务。这种周而复始的循环工作方式称为循环扫描工作方式。PLC 的工作原理如图 3-6 所示。

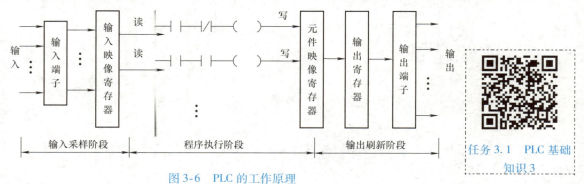

图 3-6　PLC 的工作原理

PLC 运行过程中，执行一个扫描周期所用的时间称为扫描时间，又称为扫描工作周期。其典型值为 1~150ms。扫描周期的长短与 CPU 执行指令的速度、执行每条指令占用的时间和程序指令的多少有关。当用户程序较长时，指令执行时间在扫描周期中占相当大的比例。

由 PLC 的工作原理可知，从 PLC 的输入端信号发生变化到 PLC 输出端对该信号变化做出反应，是需要一段时间的，这种现象称为 PLC 的 I/O 响应滞后。

3.1.2　西门子 S7－1200 系列 PLC

1. 西门子 PLC 产品系列

西门子公司的第一代 PLC 是 1975 年投放市场的 SIMATIC S3 系列。在 1979 年，西门子公司将微处理器技术应用到 PLC 中，研制出了 SIMATIC S5 系列。20 世纪末，西门子公司在 S5 系列的基础上推出了 S7 系列产品。

SIMATIC S7 系列产品构成如图 3-7 所示。主要分为 S7－200、S7－200 SMART、S7－1200、S7－300、S7－400 和 S7－1500 共 7 个产品系列。S7－200 PLC 是西门子公司在收购的小型 PLC 的基础上发展而来的，因此，其指令系统、程序结构及编程软件和 S7－300/400 PLC 有较大的区别，属于西门子 PLC 产品系列中较为特殊的产品。S7－200 SMART PLC 是 S7－200 PLC 的升级版本，于 2012 年 7 月发布，其绝大多数的指令和使用方法与 S7－200 PLC 类似，其编程软件也和 S7－200 PLC 的类似。而且在 S7－200 PLC 中运行的程序，相当一部分可以在 S7－200 SMART PLC 中运行。S7－1200 PLC 是 2009 年推出的小型 PLC，定位于 S7－200 PLC 和 S7－300 PLC 产品之间。S7－300/400 PLC 是由西门子 S5 系列发展而来的，是西门子公司最具竞争力的 PLC 产品之一。2013 年西门子公司又推出了新品 S7－1500 PLC。

图 3-7　西门子 SIMATIC S7 系列产品

2. 西门子 S7－1200 的性能特点

S7－1200 系列 PLC 具有集成 PROFINET 接口、强大的集成功能和灵活的可扩展性等特点，为各种工艺任务提供了简单和有效的解决方案。S7－1200 系列 PLC 新特性主要有以下几点。

（1）集成了 PROFINET 接口

集成的 PROFINET 接口用于编程、HMI 通信和 PLC 间的通信。此外，它还通过开放的以太网协议支持与第三方设备的通信。该接口是一个标准的 RJ-45 连接器，数据传输速率可达 10Mbit/s 或 100Mbit/s，支持 TCP/IP、ISO-on-TCP 和 S7 通信，最大连接数为 23 个。

（2）集成了工艺控制功能

1）高速输入。S7-1200 控制器带有 6 个高速计数器。其中 3 个输入为 100kHz，3 个输入为 30kHz，用于计数和测量。

2）高速输出。S7-1200 控制器集成了 4 个 100kHz 的高速脉冲输出，用于步进电动机或伺服驱动器的速度和位置控制。这 4 个输出都可以输出脉宽调制信号来控制电动机速度、阀位置或加热元件的占空比。

3）PID 控制。S7-1200 控制器中提供了 16 个带自动调节功能的 PID 控制回路，用于简单的闭环过程控制。

（3）集成了高容量的存储器

为用户指令和数据提供 150KB 的共用工作内存。同时还提供了 4MB 的集成装载内存和 10KB 的掉电保持内存。

SIMATIC 存储卡是可选件，通过不同的设置，可用作编程卡、传送卡和固件更新卡 3 种功能。

（4）智能设备

通过简单的组态，S7-1200 控制器通过对 I/O 映射区的读写操作，实现主从架构的分布式 I/O 应用。CPU 可以连接不同的网络系统。

（5）支持丰富的通信协议

S7-1200 系列 PLC 提供丰富的通信选项以满足网络通信要求，其可支持的通信协议有 I-Device、PROFINET、PROFIBUS、远距离控制通信、点对点（PtP）通信、USS 通信、Modbus RTU、AS-I、I/O Link MASTER 等。

任务 3.1　西门子 1200 系列 PLC 的硬件

3. 西门子 S7-1200 PLC 的硬件

西门子 S7-1200 PLC 的硬件主要包括 CPU 模块、信号模块、集成的通信接口与通信模块、信号板（CB 和 SB）。S7-1200 PLC 最多可以扩展 8 个信号模块和 3 个通信模块，最大本地数字 I/O 点数为 284 个，最大本地模拟量 I/O 点数为 69 个。S7-1200 PLC 的外形如图 3-8 所示。

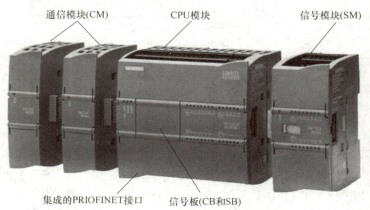

图 3-8　S7-1200 PLC 外形

(1) CPU 模块

S7-1200 PLC 的 CPU 模块将微处理器、集成电源、模拟量 I/O 点和多个数字量 I/O 点集成在一个紧凑的壳体中,形成功能比较强大的微型 PLC,外形如图 3-9 所示。CPU 电源连接端子是 CPU 的电源输入,规格为 DC 24V,同时还具有对外输出 DC 24V 的能力。CPU 状态指示灯用于提供 CPU 模块的运行状态信息。网络状态指示灯能够提供网络连接状态以及数据传输状态信息。以太网接口用于 CPU 的通信以及程序上传下载。

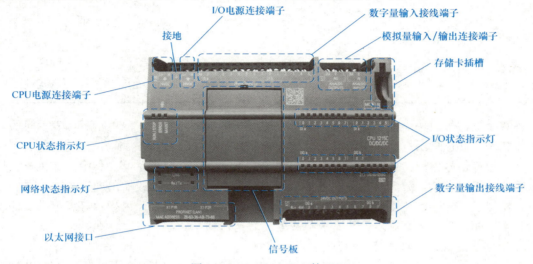

图 3-9 S7-1200 PLC 的 CPU

S7-1200 PLC 的 CPU 有 CPU 1211C、CPU 1212C、CPU 1214C、CPU 1215C、CPU 1217C 等多子系列。每个子系列下面又根据集成 I/O 端口类型的不同有 DC/DC/DC、DC/DC/RLY、AC/DC/RLY 等。其中 DC 表示直流、AC 表示交流、RLY (Relay) 表示继电器,见表 3-1。

表 3-1 S7-1200 系列 PLC 不同型号的含义

版本	电源电压	DI 输入电压	DO 输出电压	DO 输出电流
DC/DC/DC	DC 24V	DC 24V	DC 24V	0.5A,MOSFET
DC/DC/RLY	DC 24V	DC 24V	DC 5~30V,AC 5~250V	2A,DC 30W/AC 200W
AC/DC/RLY	AC 85~264V	DC 24V	DC 5~30V,AC 5~250V	2A,DC 30W/AC 200W

(2) 信号模块

S7-1200 PLC 的信号模块比较丰富,主要包括数字量输入模块、数字量输出模块、数字量输入/输出模块、模拟量输入模块、模拟量输出模块、模拟量输入/输出模块等,详细信息见表 3-2。

表 3-2 S7-1200 系列 PLC 的信号模块

信号模块	型号				
数字量输入模块	SM1221 DI 8 ×24V DC	SM1221 DI 16 ×24V DC	—	—	—
数字量输出模块	SM1222 DQ 8 ×RLY	SM1222 DQ 8 ×RLY (双态)	SM222 DQ 16 ×RLY	SM1222 DQ 8 ×24V DC	SM1222 DQ 16 ×24V DC

(续)

信号模块	型号				
数字量输入/输出模块	SM1223 DI 8×24V DC, DQ 8×RLY	SM1223 DI 16×24V DC, DQ 16×RLY	SM1223 DI 8×24V DC, DQ 8×24V DC	SM1223 DI 16×24V DC, DQ 16×24V DC	SM1223 DI 8×120/230V AC/ DQ 8×RLY
模拟量输入模块	SM1231 AI 4×13 位	SM1231 AI 8×13 位	SM1231 AI 4×16 位	—	—
模拟量输出模块	SM1232 AQ 2×14 位	SM1232 AQ 4×14 位	—	—	—
模拟量输入/输出模块	SM1231 AI 4×16 位热电偶	SM1231 AI 8×16 位热电偶	SM1231 AI 4×16 位热电阻	SM1231 AI 8×16 位热电阻	SM1234 AI 4×13 位 AQ 2×14 位

各数字量信号模块还提供了指示模块状态的诊断指示灯。其中，绿色指示灯表示模块处于运行状态，红色指示灯表示模块有故障或处于非运行状态。

各模拟量信号模块为各路模拟量输入和输出提供了 I/O 状态指示灯。其中，绿色指示灯表示通道已组态且处于激活状态，红色指示灯表示个别模拟量输入或输出处于错误状态。此外，各模拟量信号模块还提供有指示模块状态的诊断指示灯，其中绿色指示灯表示模块处于运行状态，而红色指示灯表示模块有故障或处于非运行状态。

（3）集成的通信接口与通信模块

工业以太网是现场总线未来发展的趋势，使用份额已经占现场总线半壁江山。PROFI-NET 是基于工业以太网的现场总线，是开放式的工业以太网标准，它使工业以太网的应用扩展到了控制网络最底层的现场设备。

S7-1200 全系列 CPU 均集成了 PROFINET 接口，通过 TCP/IP 标准，S7-1200 提供的集成 PROFINET 接口可用于编程软件 STEP7 通信，以及与 SIMATIC HMI 精简系列面板通信，或与其他 PLC 通信。此外，它还通过开放的以太网协议 TCP/IP 和 ISO-on-TCP 支持与第三方设备的通信。该接口的 RJ-45 连接器具有自动交叉网线功能，数据传输速率为 10Mbit/s、100Mbit/s，支持最多 16 个以太网连接。该接口能实现快速、简单、灵活的工业通信。

S7-1200 全系列 CPU 左侧可以扩展最多 3 个通信模块，如 CM1241、CP1243、CM1243、CSM1277 等型号，能够支持工业现场的绝大多通信种类。如 CSM1277 是一个 4 端口的紧凑型交换机，用户可以通过它将 S7-1200 连接到最多 3 个附加设备。除此之外，如果将 S7-1200 和 SIMATIC NET 工业无线局域网组件一起使用，还可以构建一个全新的网络。

（4）信号板

信号板是安装在 CPU 模块上用于扩展 CPU 的 I/O 数量或者通信功能的模块，如数组量输入输出信号板 SB1221、SB1222、SB1223 等，模拟量输入输出信号板 SB1231、SB1232 等，RS-485 通信信号板 CB1241 等。信号板实物如图 3-10 所示。

图 3-10　S7-1200 PLC 的信号板

3.1.3 CPU 的安装与拆卸

通过 CPU 背部的导轨卡夹可以很方便地将其安装到标准 DIN 导轨或面板上，如图 3-11 所示。如果有通信模块，则首先要将全部通信模块连接到 CPU 上后，再将它们作为一个整体来安装。将 CPU 安装到 DIN 导轨上的步骤如下。

1）安装 DIN 导轨，将导轨固定到安装板上。
2）将 CPU 背部的导轨卡夹挂接在 DIN 导轨上方。
3）拉出 CPU 下方的 DIN 导轨卡夹，以便将 CPU 安装到导轨上。
4）向下转动 CPU 使其在导轨上就位。
5）推入卡夹将 CPU 锁定到导轨上。

任务 3.1　1200 系列 PLC 的安装

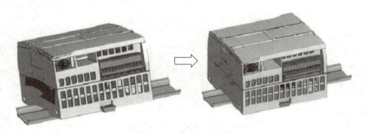

图 3-11　CPU 的安装

若要准备拆卸 CPU，先断开 CPU 的电源及其 I/O 连接器、接线或电缆。将 CPU 和所有相连的通信模块作为一个整体拆卸。如果信号模块已连接到 CPU，则需要先缩回总线连接器，如图 3-12 所示。拆卸步骤如下。

1）将螺钉旋具放到信号模块上方的小接头旁。
2）向下按，使连接器与 CPU 分离。
3）将小接头完全滑到右侧。
4）拉出 DIN 导轨卡夹，从导轨上松开 CPU。
5）向上转动 CPU，使其脱离导轨，然后从导轨上卸下 CPU。

图 3-12　拆卸 CPU 模块

3.1.4 信号模块的安装与拆卸

信号模块的安装与 CPU 的安装类似，如图 3-13 所示。具体步骤如下。

1) 卸下 CPU 右侧的连接器盖。将螺钉旋具插入盖上方的插槽中，将其上方的盖轻轻撬出并卸下盖，收好以备再次使用。

2) 将信号模块挂到 DIN 导轨上方，拉出下方的 DIN 导轨卡夹，以便将信号模块安装到导轨上。

3) 向下转动 CPU 旁的信号模块，使其就位，并推入下方的卡夹，将信号模块锁定到导轨上。

4) 拉出总线连接器，即为信号模块建立了机械和电气连接。

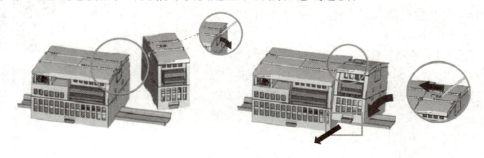

图 3-13　信号模块的安装

可以在不卸下 CPU 或其他信号模块处于原位时卸下任何信号模块。若要准备拆卸信号模块，断开 CPU 的电源并卸下信号模块的 I/O 连接器和接线即可，如图 3-14 所示。拆卸步骤如下。

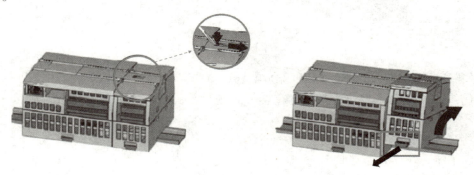

图 3-14　信号模块的拆卸

1) 使用螺钉旋具缩回总线连接器。

2) 拉出信号模块下方的 DIN 导轨卡夹，从导轨上松开信号模块并向上转动，使其脱离导轨。

3) 盖上 CPU 的总线连接器盖。

3.1.5　端子板连接器的安装与拆卸

S7-1200 系列 PLC 的 CPU 以及信号模块的端子板连接器是可以拆卸的，如图 3-15 所示，安装端子板连接器的步骤如下。

1) 断开 CPU 的电源并打开端子板连接器的盖子，准备端子板连接器安装的组件。

2) 使端子板连接器与单元上的插针对齐。

3）将端子板连接器的接线边对准端子板连接器座沿的内侧。
4）用力按下并转动端子板连接器，直到卡入到位。
5）仔细检查，以确保端子板连接器已正确对齐并完全啮合。

图 3-15　安装端子板连接器

拆卸端子板连接器之前要断开 CPU 电源，如图 3-16 所示。拆下端子板连接器的步骤如下。
1）打开连接器上方的盖子。
2）查看连接器的顶部并找到可插入螺钉旋具的槽。
3）将螺钉旋具插入槽中。
4）轻轻撬起连接器顶部，使其与 CPU 分离，连接器从夹紧位置脱离。
5）抓住连接器并将其从 CPU 上卸下。

图 3-16　拆卸端子板连接器

任务 3.2　西门子博途软件的认识与安装

 任务描述

在计算机上安装博途 V16 软件。

 任务分析

首先查看计算机是否满足安装博途 V16 的基本的要求，然后确认计算机的操作系统是否为原版操作系统。这里要注意的是，操作系统不能是 GHOST 版本，也不能是优化后的版本，最后严格按照安装步骤安装软件。

3.2.1 西门子博途平台简介

TIA 博途将所有自动化软件工具集成在统一的开发环境中。TIA 博途（后文统称博途）是软件开发领域的一个里程碑，它是世界第一款将所有自动化任务整合在一个工程设计环境下的软件，平台架构如图 3-17 所示。

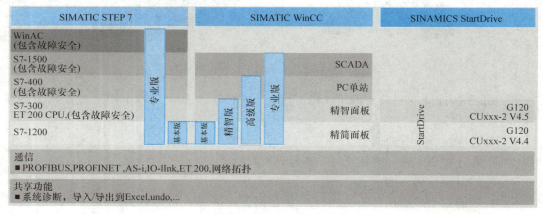

图 3-17　西门子博图（Portal）平台

博途平台中集成了编写西门子 PLC 程序的 SIMATIC STEP7 应用软件，编写西门子 HMI 以及 SCADA 的 SIMATIC WinCC 应用软件，还集成了用于西门子驱动产品配置和参数设置的 SINAMICS StartDrive 应用软件。

3.2.2 博途软件对计算机的要求

从博途 V15 版本开始，SIMATIC STEP7 和 SIMATIC WinCC 是集成在一起安装的，它们也是博途的基本组件。不同的版本对计算机硬件的要求是不一样的。这里的版本包含两个层面的意思，一层意思是发行版本，如 V14、V15、V15.1、V16 等，这些版本的不同之处在于每个更新版本都会增加一些新功能，对计算机的配置要求也会增加。另一层意思是在同一个发行版本中又有配置版本的不同，如"基本版""专业版"等，这些版本的区别主要在于功能的不同，对于硬件的要求并没有太多的影响。

1. 硬件要求

博途软件对计算机硬件的要求是比较高的，博途 V16 对计算机硬件的最低配置要求和推荐配置要求见表 3-3。

表 3-3　博途 V16 对于计算机硬件的要求

项目	最低配置要求	推荐配置要求
CPU	Intel ® Core™ i3-6100U，2.30GHz	Intel Core™ i5-6440EQ，3.4GHz
内存	8G	16GB 或更多（对于大型项目为 32GB）
硬盘	S-ATA，至少配备 20GB 可用空间	SSD，配备至少 50GB 的存储空间
屏幕分辨率	1024×768	1920×1080

2. 操作系统要求

博途软件对计算机操作系统的要求比较高。专业版、企业版或者旗舰版的操作系统是必备的条件，博途 V16 专业版已不支持 Windows7，也不支持家庭版的 Windows 10，不过可以在虚拟机上安装博途软件。

3.2.3 安装博途软件

1. 博途软件安装前的准备

1）安装包解压后的文件存放路径不能有中文，所有的路径都不能有中文符。博途 V16 可以安装在 C 盘以外的其他盘，但还是推荐安装在 C 盘。

2）安装时不能开杀毒软件、防火墙软件、防木马软件和系统优化软件等。

3）安装 .NET3.5 运行环境和 MSMQ 服务器，如图 3-18 所示。

4）修改注册表。在搜索栏里输入"regedit"打开注册表，打开图 3-19 所示的路径"计算机\HKEY_LOCAL_MACHINE\SYSTEM\CurrentControlSet\Control\Session Manager"，删除"PendingFileRenameOperations"这个键值。

任务 3.2 博途软件的认识与安装

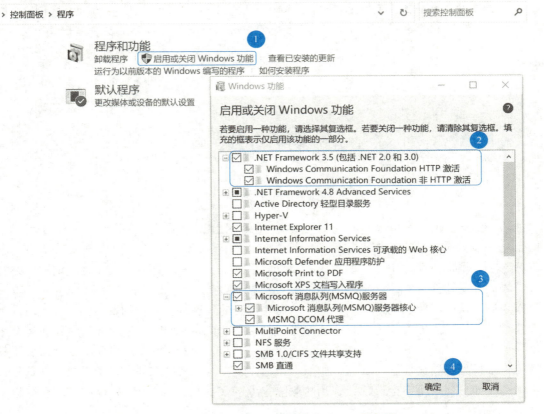

图 3-18　安装 .NET3.5 运行环境和 MSMQ 服务器

图 3-19　删除注册表键值

2. 博途软件的安装

从官方网站下载的安装文件总共为 4 个 "TIA_Portal_STEP7_Prof_Safety_WINCC_Prof_V16" 的文件，如图 3-20 所示。其中最后一个为可执行文件，具体的安装过程如下。

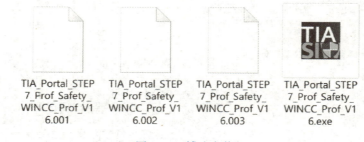

图 3-20　博途安装包

1）双击 "TIA_Portal_STEP7_Prof_Safety_WINCC_Prof_V16.exe"，弹出图 3-21 所示的界面，这一步的作用是将安装包文件解压缩。单击"下一步"按钮，会出现安装语言的选择界面，在这里选择简体中文，如图 3-22 所示。再单击"下一步"按钮，会出现解压路径选择的界面，需要注意的是，解压的路径需要选择英文路径（如这里选择的 G：\TIA file，也可以采用默认的路径），如图 3-23 所示。需要明确的是这是安装包的解压路径不是程序的安装路径，解压出来的文件，在装完软件之后是可以删除的。在图 3-23 所示的界面有两个选项，如果勾选第一个选项"解压缩安装程序文件，但不进行安装"，则解压之后需要手动在解压目录找到安装文件进行安装；如果不勾选，则在解压之后软件会自动安装，在这里选择不勾选。如果勾选第二个选项"退出时删除提取的文件"，则在安装完成后自动删除以上解压缩后的文件。解压过程如图 3-24 所示。

模块3　认识S7-1200 PLC与博途编程软件

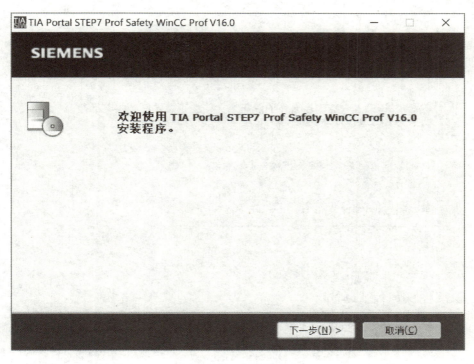

图3-21　安装界面

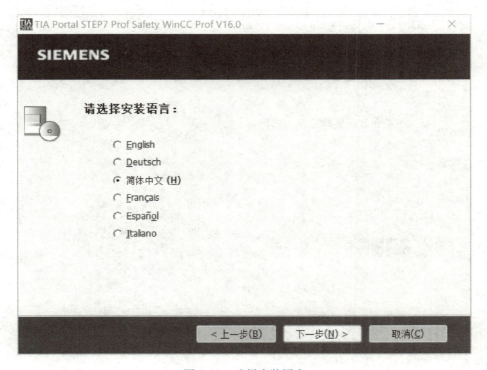

图3-22　选择安装语言

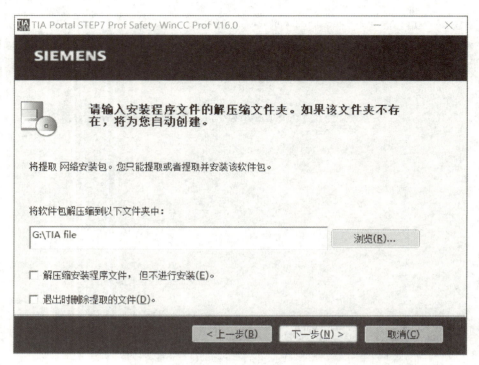

图 3-23　选择安装包文件的解压路径

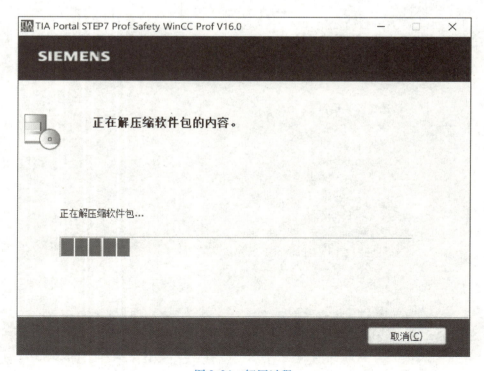

图 3-24　解压过程

2）解压完成后就开始自动安装，在弹出的对话框中选择语言，在这里选择中文，如

图 3-25 和图 3-26 所示。

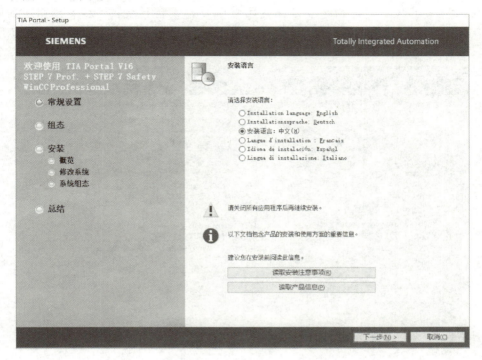

图 3-25　选择安装语言 1

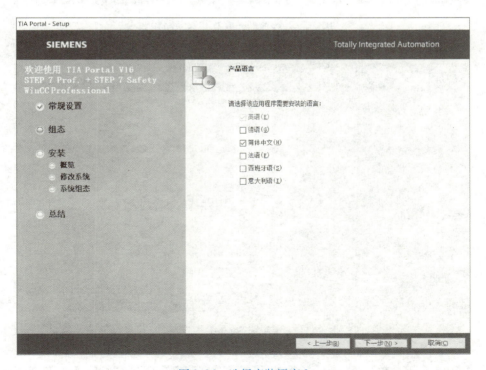

图 3-26　选择安装语言 2

3）选择产品配置、安装路径，接受软件使用条款和权限，依次如图 3-27、图 3-28、图 3-29 所示，关于产品配置和路径推荐使用默认设置。单击"下一步"按钮之后就出现图 3-30 所示的界面，单击右下角的"安装"按钮便开始安装，安装进度显示如图 3-31 所示。

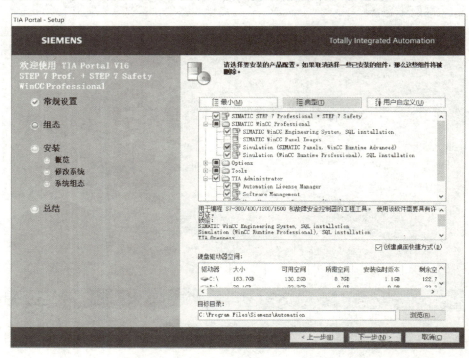

图 3-27　选择产品配置和安装路径

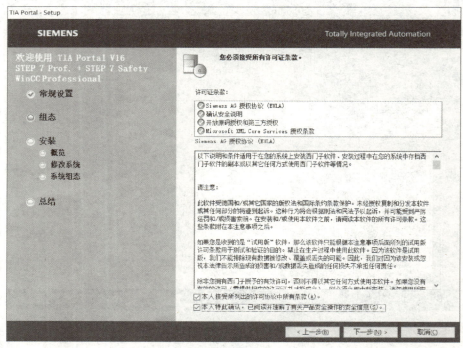

图 3-28　同意软件使用条款

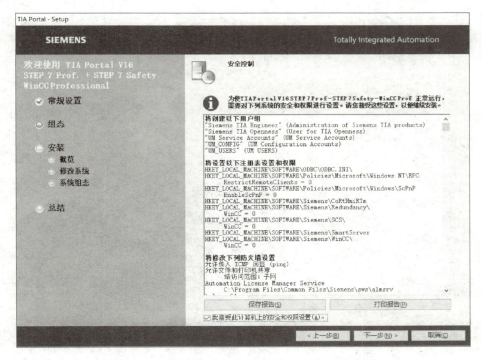

图 3-29　同意软件获取必要的计算机安全和权限设置

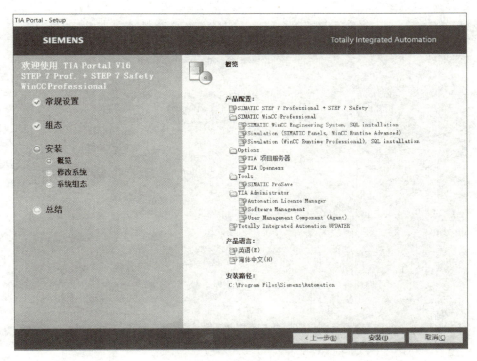

图 3-30　开始安装

4）中间如果需要重启就重启，重启后会自动继续安装，如图 3-32 所示。

5）安装完成会弹出图 3-33 所示界面。重启之后软件即可正常使用，需要说明的是在获

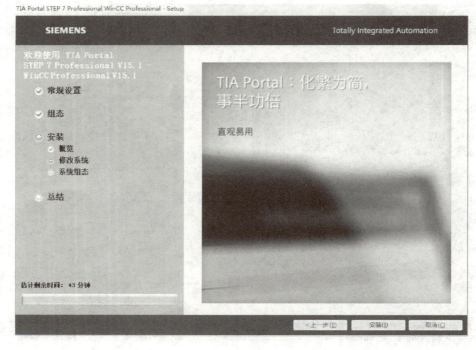

图 3-31 安装进度显示

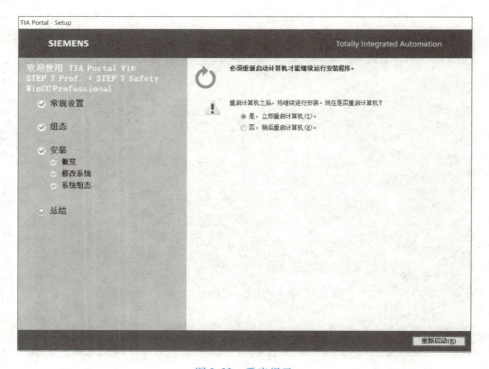

图 3-32 重启提示

取西门子授权之前某些功能是受到限制的。

模块3　认识S7-1200 PLC与博途编程软件

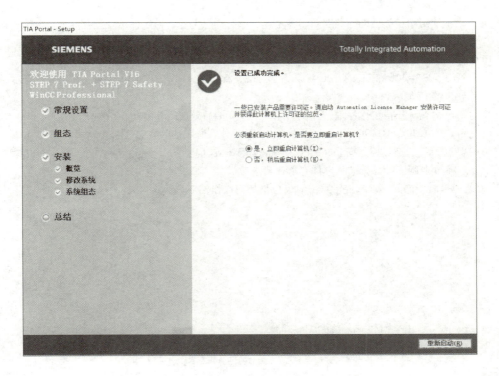

图 3-33　安装完成

3.2.4　安装仿真软件 PLCSIM

SIMATIC S7 PLCSIM V16 是博途中的 PLC 仿真软件，能够验证 PLC 程序的逻辑运算，这对学习 PLC 有极大的方便，其安装步骤同 STEP 7 和 WinCC 软件的安装，这里不再赘述。安装完成之后桌面上会出现图 3-34 所示的 6 个图标，其中双击"TIA Portal V16"图标打开的就是 PLC 编程软件，双击图标"S7 – PLCSIM V16"打开的是仿真软件。仿真软件也可以在博途界面中打开，在后文会做详细介绍。

图 3-34　安装完成后默认的桌面图标显示

习　　题

1. PLC 的种类繁多，但其基本结构和工作原理相同，PLC 一般由＿＿＿＿、＿＿＿＿、＿＿＿＿和＿＿＿＿等部分组成。

2. 在 PLC 中使用两种类型的存储器：一种是_____，另一种是_____。
3. 常用的开关量输入接口，按其使用的电源不同有 3 种类型：_____、_____和_____。
4. PLC 有 3 种输出接口形式，分别是_____、_____和_____形式。
5. 对于西门子 S7-1200 PLC 的 CPU 状态指示灯中，标识为 RUN 的这个灯为绿色常亮时，表示 CPU 工作_____（正常/不正常）。
6. 简述 PLC 的循环扫描工作原理，并说明什么是 I/O 滞后效应。
7. 请说明 CPU 1214C AC/DC/RLY 中的 AC/DC/RLY 分别所表达的含义。
8. S7-1200 PLC 的信号板是安装在 CPU 模块上用于扩展 CPU 的_____或者_____的模块。
9. 博途 V16 专业版对计算机的软硬件有哪些要求？
10. 安装博途时，遇到不停地提示重启时，应该如何操作？

模块 4　S7-1200 PLC的基本指令及应用

任务 4.1　三相电动机连续运行的 PLC 控制——触点与线圈指令及应用

 任务描述

在汽车制造生产线上有许多设备都需要采用三相异步电动机驱动，现有一台设备需要一台可以单向连续运行的三相电动机驱动，请采用 PLC 完成对这台电动机的控制。

 任务分析

首先，电动机的连续运行就是按下起动按钮时，电动机得电运行，按下停止按钮时，电动机断电停止运行。在主电路中可以采用接触器进行电源的通断控制。

其次，关于控制电路，让 PLC 的输入端检测控制按钮是否按下，让 PLC 的输出端驱动接触器动作，在 PLC 的程序中实现电动机连续运行的控制功能。

4.1.1　S7-1200 中简单的数据类型

1. 数制

数制又称计数法，是人们用一组规定的符号和规则来表示数的方法。采用不同的符号和不同的规则就有不同的表示方法，图 4-1 所示为古代几种典型的计数符号。常用的计数法是进位计数法，即按进位的规则进行计数。

任务 4.1　位和位序列数据类型

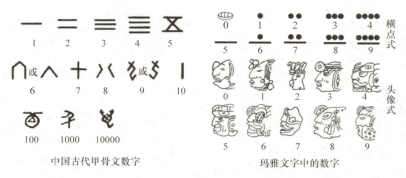

图 4-1　古代典型的几种计数符号

(1) 基数的概念

在一种数制中，只能使用一组固定的数字符号来表示数目的大小，其使用数字符号的个数，就称为该数制的基数。其规则是"逢 b 进一"，则称为 b 进制的基数。

十进制（Decimal）的基数是 10，它有 10 个数字符号，即 0，1，2，3，4，5，6，7，8，9。

二进制（Binary）的基数是 2，它有两个数字符号 0 和 1。

八进制（Octonary）的基数是 8，它有 8 个数字符号，即 0，1，2，3，4，5，6，7。

十六进制（Hexadecimal）的基数是 16，它有 16 个数字符号，即 0，1，2，3，4，5，6，7，8，9，A，B，C，D，E，F。

(2) 位权的概念

在进位计数制中，把基数的若干次幂称为"位权"，幂的方次随该位数字所在的位置而变化，整数部分从最低位开始依次为 0，1，2，3，4，…；小数部分从最高位开始依次为 -1，-2，-3，…。

例如：十进制数 1357 可以展开为：$1\times10^3+3\times10^2+5\times10^1+7\times10^0$。其中每一位乘的值 10^3，10^2，10^1，10^0 为该位的权，其中的 10 是十进制的基数。

(3) 二进制数转换成十进制数

根据二进制数的定义，只要将它按权展开再相加。

例如：$(111.101)_2=1\times2^2+1\times2^1+1\times2^0+1\times2^{-1}+0\times2^{-2}+1\times2^{-3}=(7.625)_{10}$

(4) 十进制数转换成二进制数

1）整数部分，采用除 2 取余法（或倒除法）。

例如：将 $(215)_{10}$ 转换成二进制数，如图 4-2 所示。

结果：$(215)_{10}=(11010111)_2$ 或写为 215D = 11010111B。

2）小数部分，采用乘 2 取整法。

例如：将 $(0.6875)_{10}$ 转换成二进制数，如图 4-3 所示。

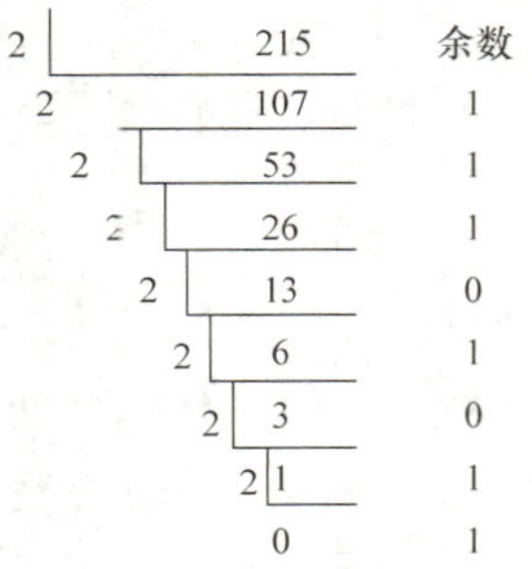

图 4-2 倒除法

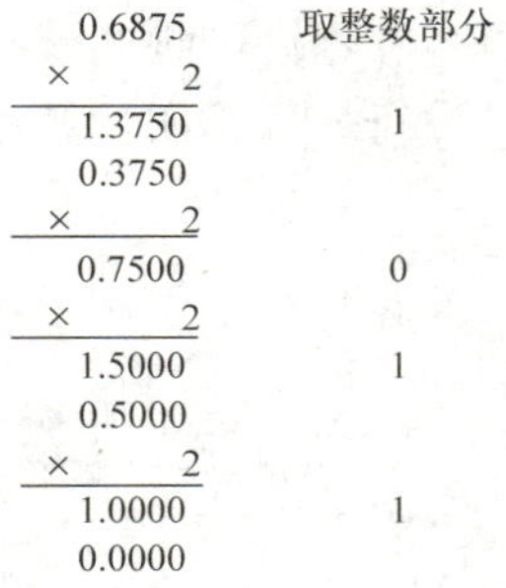

图 4-3 乘 2 取整法

结果：$(0.6875)_{10}=(0.1011)_2$。

(5) 十六进制数转换成十进制数

根据十六进制数的定义，只要将它按权展开再相加。

例如：$(A4)_{16}=10\times16^1+4\times16^0=(164)_{10}$。

(6) 十六进制数与二进制数之间的转换

1 位十六进制数相当于 4 位二进制数，所以十六进制数与二进制数之间的转换是很方便的。

例如：$(3AB)_{16} = (0011,1010,1011)_2$，$(0.CD3)_{16} = (0.1100,1101,0011)_2$。

2. 简单的基本数据类型

数据类型是程序处理和控制的对象。在程序运行过程中，数据是通过变量来存储和传递的。变量有两个要素：名称和数据类型。对程序块或者数据块的变量声明时都要包含这两个要素。

数据的类型决定了数据的属性，如数据的长度和取值范围等。博途软件中的数据类型分为3大类：基本数据类型、复合数据类型和其他数据类型。

基本数据类型是根据 IEC61131-3（国际电工委员会制定的 PLC 编程语言标准）来定义的，每个基本数据类型具有固定的长度且不超过64位。基本数据类型最为常用，进一步可以分为位序列数据类型（也称二进制数）、整数数据类型、字符数据类型、定时器数据类型及日期和时间数据类型。每一种数据类型都具备关键字、数据长度、取值范围和常数表等格式属性，在这里先学习位序列数据类型，在后面的内容中再学习更加复杂的数据类型。

位序列数据类型包括位（Bit）、字节（Byte）、字（Word）和双字（DWord）。

（1）位（Bit）

数据类型为位的变量的值为"1"和"0"，它是计算中数据的最小存储单元。

（2）字节（Byte）

8位二进制数组成1个字节，例如字节IB9由I9.0~I9.7这8位组成，其中第0位为最低位（LSB），第7位为最高位（MSB）。

（3）字（Word）

相邻两个字节组成一个字，字用来表示无符号数。例如：MW102 由 MB102 和 MB103 组成一个字。

（4）双字（DWord）

相邻两个字组成1个双字，双字用来表示无符号数。

4.1.2 S7-1200 的存储器

S7-1200 PLC 提供了以下用于存储用户程序、数据和组态的存储器，如图4-4所示。

1. 装载存储器

装载存储器用于存储用户程序、数据和组态。项目被下载到 CPU 后，首先存储在装载存储器中。每个 CPU 都具有内部装载存储器。该内部装载存储器的大小取决于 CPU 的型号。该内部装载存储器也可以用外部存储卡来替代。如果未插入存储卡，CPU 将使用内部装载存储器；如果插入了存储卡，CPU 将使用该存储卡作为装载存储器。但是，可使用的外部装载存储器大小不能超过内部装载存储器的大小。该非易失性存储区能够在断电后继续保持数据。

任务4.1 S7-1200PLC 存储区

对于 S7-300/400 系列 PLC，符号表、注释不能下载到装载存储器，而是仍然保存在编程设备中。但对于 S7-1200 PLC，符号表、注释可以下载到装载存储器。

2. 工作存储器

工作存储器是易失性存储器（RAM），用于执行用户程序时存储用户项目的某些内容。CPU 会将一些项目内容从装载存储器复制到工作存储器中。存在 RAM 的数据在断电后丢

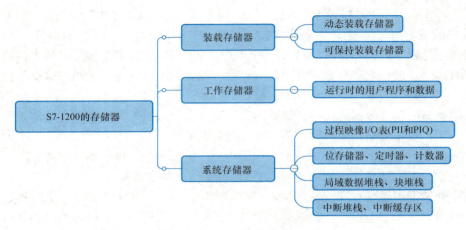

图 4-4　S7-1200 的存储器

失,而在恢复供电时由 CPU 恢复。

3. 系统存储器

系统存储器是 CPU 为用户程序提供的存储组件,被划分为若干个地址区域,具体见表 4-1。使用指令可以在相应的地址区内对数据直接进行寻址。系统存储器用于存放用户程序的操作数据,例如过程映像输入/输出、位存储器、数据块等。

表 4-1　系统存储器的存储区

存储区	说明	强制	保持性
I 过程映像输入	在扫描周期开始时从物理输入复制	无	无
I_:P(物理输入)	立即读取 CPU、SB 和 SM 上的物理输入点	支持	无
Q 过程映像输出	在扫描周期开始时复制到物理输出	无	无
Q_:P(物理输出)	立即写入 CPU、SB 和 SM 上的物理输入点	支持	无
M 位存储器	控制和数据存储器	无	支持
L 临时存储器	存储块的临时数据,这些数据仅在该块的本地范围内有效	无	无
DB 数据块	数据存储器,同时也是 FB 的参数存储器	无	是

(1) 过程映像输入区(I 区)

过程映像输入在用户程序的标识符为 I,它是 PLC 接收外部输入的数字量信号的窗口。在每次扫描循环开始时,CPU 读取数字量输入模块的外部输入电路的状态,并将它们存入过程映像输入区,如图 4-5 所示。

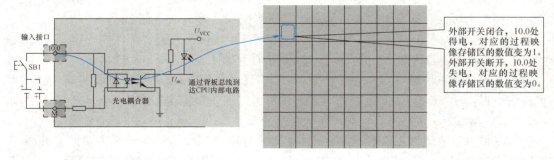

图 4-5　过程映像输入区

(2) 过程映像输出区（Q 区）

过程映像输出在用户程序中的标识符为 Q，每次循环周期开始时，CPU 将过程映像输出的数据传送给输出模块，再由输出模块驱动外部负载。

用户程序访问 PLC 的输入和输出地址区时，不是去读、写数字量模块中信号的状态，而是访问 CPU 的过程映像区。在扫描循环中，用户程序计算输出值，并将它们存入过程映像输出区。在下一个循环扫描开始时，将过程映像输出区的内容写到数字量输出模块，如图 4-6 所示。

I 和 Q 均可以按位、字节、字和双字来访问，如 I0.0、QB1、IW2 和 QD4。

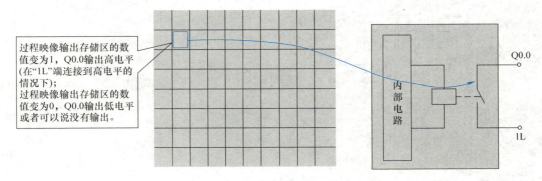

图 4-6　过程映像输出区

(3) 标志位存储区（M 区）

标志位存储区是 PLC 中数量较多的一种存储区，标识符为 M。标志位存储区与继电器控制系统中的中间继电器相似。标志位存储区不能直接驱动外部负载，这点请初学者注意，负载只能由过程映像输出区的外部触点驱动。标志位存储区的常开与常闭触点在 PLC 内部编程时，可无限次使用。M 的数量根据不同型号的 PLC 而不同。可以用位存储区来存储中间操作状态和控制信息，并且可以按位、字节、字或双字来存取位存储区。

位格式：M［字节地址］．［位地址］，如 M2.7。

字节、字和双字格式：M［位序列数据类型］［起始字节地址］，如 MB10、MW10 和 MD10。

(4) 数据块存储区（DB 块）

数据块可以存储在装载存储器、工作存储器以及系统存储器中（块堆栈）。共享数据块和函数块 FB 的背景数据块的标识符均为"DB"。数据块的大小与 CPU 的型号相关。数据块默认为掉电保持，不需要额外设置。

4.1.3　寻址

寻址是一个计算机专业术语，通俗地讲就是根据数据存放单元的地址找到该数据，或者是根据一个指定的地址将一个数据存放到该处。

S7-1200 系列 PLC 的 CPU 中可以按位、字节、字和双字对存储单元进行寻址。

二进制数的一位（Bit）只有 0 和 1 两种不同的取值，可用来表示数字量的两种不同的状态，如触点的断开和接通、线圈的断电和通电等。8 位二进制数组成一个字节（Byte），其中的第 0 位为最低位、第 7 位为最高位。两个字节组成一个字（Word），其中的第 0 位为最低位，第 15 位为最高位。两个字组成一个双字（Double Word），其中的第 0 位为最低位，第 31 位为最高位。

S7-1200 系列 PLC 的 CPU 中不同的存储单元都是以字节为单位的，对位数据的寻址由字节地址和位地址组成，如 I1.2，其中的区域标识符 I 表示寻址输入映像区，字节地址为 1，位地址为 2，"."为字节地址与位地址之间的分隔符，这种存取方式为"字节.位"的寻址方式，如图 4-7 所示。

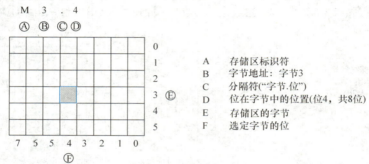

图 4-7　寻址示意图

对字节、字和双字数据的寻址时需指明区域标识符、数据类型和存储区域内的首字节地址。例如字节 MB10 表示由 M10.7～M10.0 这 8 位（高位地址在前，低位地址在后）组成的 1 个节字，M 为标志位存储区域标识符、B 表示字节（B 是 Byte 的缩写）、10 为起始字节地址。相邻的两个字节组成一个字，MW10 表示由 MB10 和 MB11 组成的 1 个字，M 为标志位存储区域标识符、W 表示字（W 是 Word 的缩写）、10 为起始字节的地址。MD10 表示由 MB10～MB13 组成的双字，M 为标志位存储区域标识符、D 表示双字（D 是 Double Word 的缩写）、10 为起始字节的地址。位、字节、字和双字的构成示意图如图 4-8 所示。

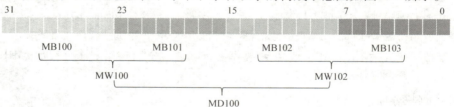

图 4-8　位、字节、字和双字的构成示意图

4.1.4　编程语言

1. PLC 编程语言的国际标准

IEC61131 是 PLC 的国际标准，1992～1995 年发布了 IEC61131 标准中的 1～4 部分，我国在 1995 年 11 月发布了 GB/T15969-1/2/3/4（等同于 IEC61131-1/2/3/4）。

IEC61131-3 广泛地应用于 PLC、DCS、工控机、数控系统和 RTU 等产品。其定义了 5 种编程语言，分别是指令表（Instruction List，IL）、结构文本（Structured Text，ST）、梯形图（Ladder Diagram，LD）、功能

任务 4.1　编程语言及触点线圈指令

块图（Function Block Diagram，FBD）和顺序功能图（Sequential Function Chart，SFC）。

2. TIA 博途软件中的编程语言

TIA 博途软件中有梯形图、指令语句表、结构文本、功能块图和顺序功能图 5 种基本编程语言。以下简要介绍。

（1）梯形图（Ladder Diagram，LD）

梯形图直观易懂，适用于数字量逻辑控制，应用广泛，非常适合熟悉继电器电路的人员使用。设计复杂的触点电路时常采用梯形图实现，在小型 PLC 中的应用最常见。西门子自动化全系列 PLC 均支持梯形图编程语言。梯形图在博途软件中简称 LAD。

（2）指令语句表（Instruction List，IL）

指令语句表在 TIA 博途软件中称为 STL（Statement List，语句表），它的功能比梯形图或功能块图的功能强。语句表可供擅长用汇编语言编程的用户使用。语句表输入快，可以在每条语句后面加上注释，但语句表有被淘汰的趋势。S7-1200 系列 PLC 不支持语句表，但 S7-200/300/400/1500 系列 PLC 支持语句表。

（3）结构文本（Structured Text，ST）

结构文本在 TIA 博途软件中称为 S7-SCL（Structured Control Language，结构化控制语言），它符合 IEC61131-3 标准。S7-SCL 适用于复杂的公式计算、复杂的计算任务、最优化算法或管理大量的数据等。S7-SCL 编程语言适合熟悉高级编程语言（例如 PASCAL 或 C 语言）的人员使用。S7-SCL 编程语言的使用将越来越广泛，是被推荐的编程语言。S7-300/400/1200/1500 PLC 均支持 S7-SCL。

（4）功能块图（Function Block Diagram，FBD）

功能块图使用类似于布尔代数的图形逻辑符号来表示控制逻辑。一些复杂的功能用指令框表示，如用与门、或门的方框，来表示逻辑关系。一般用一个指令框表示一种功能，框图内的符号表达了该框图的运算功能，框的左侧为逻辑运算的输入变量，右侧为输出变量，框左侧的小圆圈表示对输入变量取反（非运算），框右侧的小圆圈表示对运算结果再进行非运算。方框被类似于导线的连线连接在一起，信号自左向右流动。FBD 比较适合有数字电路基础的编程人员使用。西门子全系列 PLC 均支持功能块图。

（5）顺序功能图（Sequential Function Chart，SFC）

顺序功能图在 TIA 博途软件中为 S7-Graph。S7-Graph 是针对顺序控制系统进行编程的图形编程语言，特别适合顺序控制程序编写。S7-1200 系列 PLC 不支持顺序功能图，但 S7-300/400/1500 系列 PLC 均支持顺序功能图。

在本书中主要使用梯形图编程语言。

4.1.5 触点与线圈指令

触点和线圈可用来说明输入接点（触点）信号的有或无，输出线圈的得电或失电。1 表示编程元件动作或线圈得电，0 表示编程元件未动作或线圈失电。

在梯形图程序中，通常使用类似继电器控制电路中的触点符号及线圈符号来表示 PLC 的位元件，被扫描的操作数（用绝对地址或符号地址表示）则标注在触点符号的上方，如图 4-9 所示。

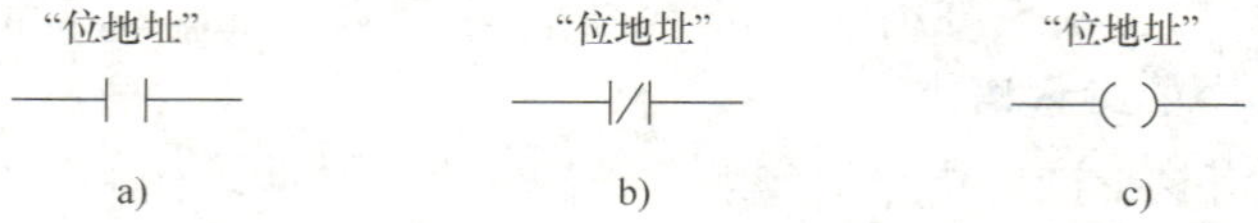

```
    "位地址"         "位地址"         "位地址"
      ─┤├─           ─┤/├─           ─( )─
       a)              b)              c)
```

图 4-9 触点与线圈指令
a) 常开触点 b) 常闭触点 c) 输出线圈

1. 常开触点指令

常开触点指令的激活取决了该指令上方操作数的信号状态。在 PLC 中规定：若操作数是 1，则常开触点动作，即认为是闭合的；若操作数是 0，则常开触点复位，即认为是断开的。常开触点所使用的操作数有：I、Q、M、L、D、T、C 等。在使用绝对寻址方式时，绝对地址前面会出现符号 "%"，这是编程软件自动添加的。

两个或多个常开触点串联时，将逐位进行与运算。串联时，所有触点都闭合后才产生信号流。两个或多个常开触点并联时，将逐位进行或运算。并联时，只要有一个触点闭合就会产生信号流。

2. 常闭触点指令

常闭触点指令的激活取决于该指令上方的操作数的信号状态。在 PLC 中规定；若操作数是 1，则常闭触点动作，即触点断开；若操作数是 0，则常闭触复位，即触点闭合。常闭触点所使用的操作数有：I、Q、M、L、D、T、C 等。

3. 线圈指令

线圈指令为输出指令，是将线圈的状态写入到指定的地址。在一行由触点和线圈指令构成的梯形图程序中，当前面的触点接通时，程序左侧的"能流"将会经过触点到达线圈指令。此时，PLC 将会对线圈指令上所指向的寄存器置位为 1，反之则为 0。如果是 Q 区地址，CPU 将输出的值传送给对应的过程映像输出。PLC 在 RUN（运行）模式时，接通或断开连接到相应输出点的负载。输出线圈指令可以放在梯形图的任意位置，变量类型为 BOOL 型。在博途软件中输出线圈指令既可以多个串联使用，也可以多个并联使用。建议初学者输出线圈单独或并联使用，并且放在每个电路的最后，即梯形图的最右侧。

4.1.6 CPU 1214C DC/DC/DC 的接线

CPU 1214C DC/DC/DC 用户手册中展示的接线图如图 4-10 所示。图中最左侧"L+"和"M"是 CPU 的电源输入端，通过这两个端子给 CPU 供电，其中"L+"表示需要接到 DC 24V 电源的正极，而"M"需要接到 DC 24V 电源的负极。中间的一组"L+"和"M"是在 CPU 得电的前提下给外部供电的端子，可以供电给按钮开关、传感器等。

图中"1M"是输入端的公共端子，与 DC 24V 电源相连。电源有两种连接方法，分别对应 PLC 的 NPN 型和 PNP 型。当电源的负极与公共端子相连时，为 PNP 型接法，图 4-8 展示的就是 PNP 型接法。DI 中的".0"".1"等就是开关量信号输入端。在这种情况下，当图中".0"".1"对应的常开触点闭合时，".0"".1"处就能够得到 DC 24V 的高电平，此时 CPU 内部对应的输入映像寄存器的值就会自动改写为"1"，反之则是"0"。当电源的正极与公共端子相连时，为 NPN 型接法，工作原理类似，这里不再赘述。

图 4-8 中的下半部分表达了输出端的接线。目前 DC 24V 输出只有一种形式，即 PNP 型

输出,"3L+"和"3M"是输出模块的供电输入。虽然输出模块是集成在 CPU 上的,但是端子的电路是独立的,因此必须通过"3L+"和"3M"给该模块供电。DQ 中的".0"".1"等就是输出端子,当在程序中控制该端子对应的输出映像寄存器的位为"1"时,该端子就会输出 DC 24V 的高电平,反之则是没输出。

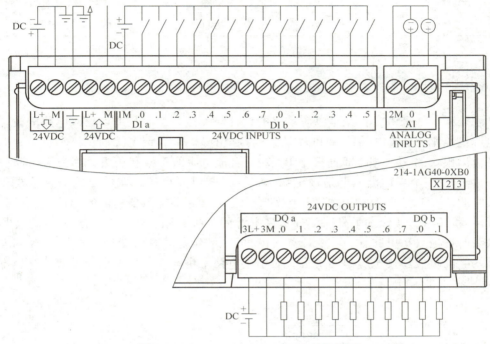

图 4-10 CPU 1214C DC/DC/DC 的接线图

4.1.7 I/O 地址分配

在 PLC 控制系统中,较为重要的是确定 PLC 的输入和输出元器件。对于初学者来说,经常搞不清哪些元器件应该作为 PLC 的输入,哪些元器件应该作为 PLC 的输出。其实只要记住一个原则即可:发出指令的元器件作为 PLC 的输入,如按钮、开关等;执行动作的元器件作为 PLC 的输出,如接触器、电磁阀、指示灯等。根据本任务要求,按下按钮 SB1 时,接触器 KM 线圈得电,电动机直接起动并运行;按下按钮 SB2 时,接触器 KM 线圈失电,电动机则停止运行。可以看出,发出指令的元器件是按钮,则 SB1 和 SB2 作为 PLC 的输入元件;通过交流接触器 KM 的线圈得失电,其主触点闭合与断开,使得电动机运行或停止,则执行元件为交流接触器 KM 的线圈,即交流接触器 KM 的线圈应作为 PLC 的输出元件。根据上述分析,电动机 PLC 控制的 I/O 地址分配见表 4-2。

表 4-2　I/O 地址分配表

元件	符号	地址	说明
按钮开关 1	SB1	I0.0	起动按钮
按钮开关 2	SB2	I0.1	停止按钮
接触器	KM	Q0.0	电动机运行控制接触器

4.1.8　电路设计

对于控制电路来讲，首先是电源电路的设计与连接，然后是 I/O 信号电路的设计与连接。电源电路中，将 CPU 的 L+ 和 M 端子连接至 DC 24V 直流电源的正极和负极，同时还需要将输出模块的 3L+ 和 3M 连接至 DC 24V 直流电源的正极和负极。因为输出模块虽然和 CPU 集成在一个壳体内，但是输出端子是经过光电隔离的，在重要的场合是要和 CPU 分开供电的。I/O 信号电路中，将两个控制按钮的一端接到 PLC 的输入端口，这里分别连接到 I0.0 和 I0.1，按钮的另外一端连接到电源的正极，同时还需要将输入点的公共端连接至电源的负极（PNP 接法）。接触器线圈的正极连接至输出端口，这里连接到 Q0.1，接触器线圈的负极连接至电源的负极。对于主电路来讲与任务 2.1 中的类似，这里不再赘述，电路图如图 4-11 所示。

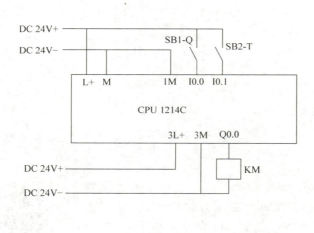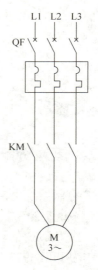

图 4-11　电路图

4.1.9　程序编写与下载

1. 创建 TIA 博途工程项目

打开博途软件，选择"启动"→"创建新项目"命令，出现图 4-12 所示的页面。在"项目名称"的文本框中输入新建的项目名称，如"三相电动机连续运行控制"；在"路径"输入框中选择项目存放的位置，读者可以选择一个自己容易找到的位置，本例选择了

"E：\TIA pro file V16"，如果不选择，将会存放在默认路径。然后单击"创建"按钮变完成项目的创建。

图 4-12　创建新项目

2. 添加设备（硬件组态）

在图 4-12 中单击左下角的"项目视图"就会切换至常用的项目视图界面。项目视图是 TIA 博途软件的硬件组态和编程的主窗口，在项目树的设备栏中，双击"添加新设备"选项，弹出"添加新设备"对话框，在该对话框可以添加设备与修改设备名称。关于设备的订货号印刷在机身，如图 4-13 所示，添加设备的步骤如图 4-14 所示。

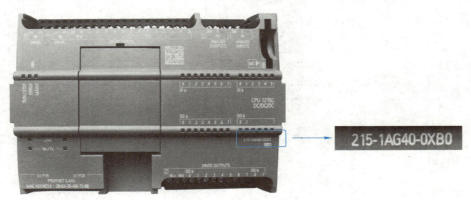

图 4-13　设备的订货号

3. 配置 CPU 参数

CPU 的参数有很多，在本次任务中需要关注的参数主要是 IP 地址和 I/O 地址。设置 IP 地址的步骤如图 4-15 所示，默认的 IP 地址是"192.168.0.1"，子网掩码是"255.255.255.0"，可以根据实际的需求修改 IP 地址和子网掩码。

CPU 1214C DC/DC/DC（6ES7 214-1AG40-0XB0）这款 CPU 总共有 14 个输入和 10 个输出。I/O 地址是以"字节.位"的方式编址的，因此对于输入可以编址为"I0.0~I0.7、I1.0~I0.7"，如图 4-16 所示。这样理论上共有 16 个输入地址，而实际的硬件上只有 14 个

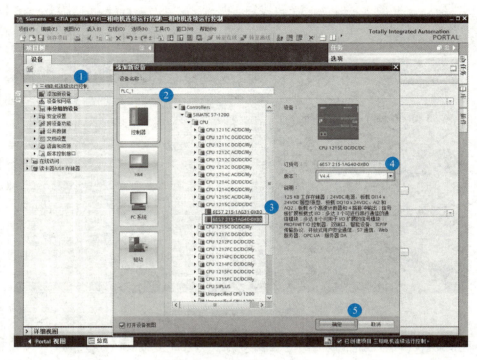

图 4-14 添加设备的步骤

图 4-15 设置 IP 地址的步骤

输入端口，其中 I0.6 和 I0.7 是无效的，在使用的时候一定要注意。当然对于起始字节地址可以在 0~1022 当中任意选择，例如也可以将输入地址编为"I136.0~I136.7、I137.0~I137.7"。对于输出也是类似的，默认的地址是从 Q0.0 开始的。

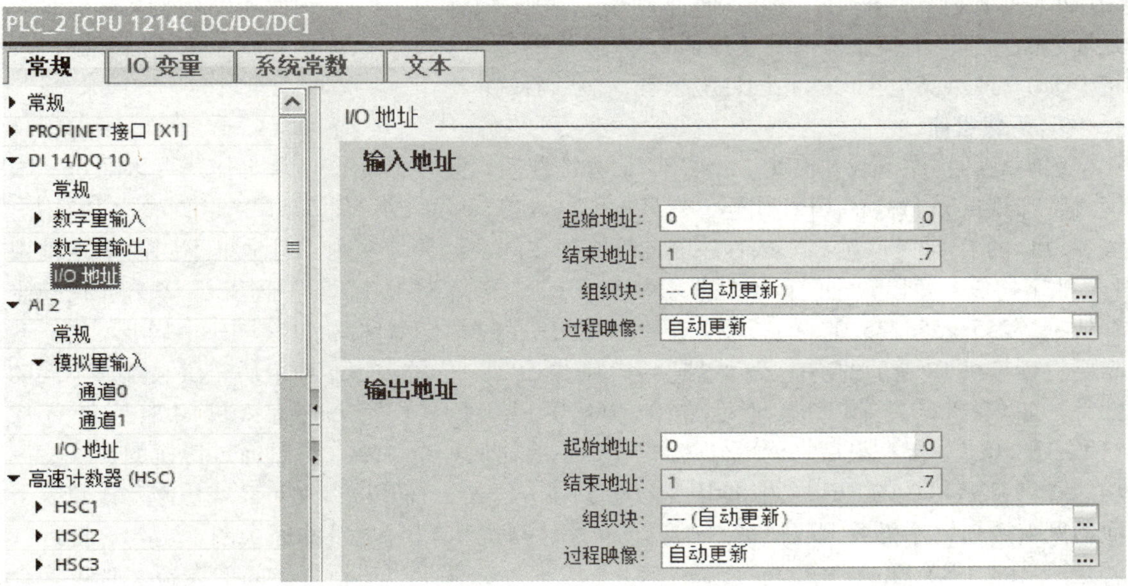

模块4　S7-1200 PLC的基本指令及应用

图4-16　I/O地址设置

4. 编写程序

按照图4-17的步骤进行程序编写。

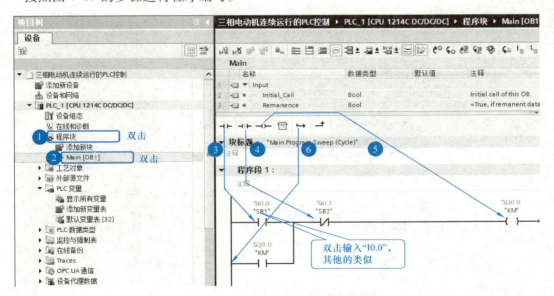

图4-17　编写PLC程序

这里面就用到了之前学习的触点和线圈指令的知识。每一个指令上方需要输入I/O地址，如第一个触点指令输入"I0.0"就表示该指令将检测连接在硬件"DIa.0"端上的电平状态。当端口电平为高电平时，该指令将会动作，这是一个常开指令，因此动作后的结果就是导通。这里的导通是指能流的导通，在梯形图编程中，最左侧就是能流的源头，可以把它想象成电流甚至是水流。I0.0导通之后能流就能够到达I0.1处的常闭触点指令。如果DIa

0.1 处没有检测到高电平，该指令就不动作。它是一个常闭指令，因此不动作就意味着这里是导通的，进而能流就能够到达地址为 Q0.0 处的线圈指令。该指令得到能流之后就会自动将 DQa.0 改为高电平。这在硬件上来看，接触器就得电了，所以电动机就会运转起来。

5. 下载程序

编写好的程序下载到 CPU 后，CPU 就会按照所写程序的命令进行工作。可以通过一根网线将计算机和 PLC 的 CPU 相连，然后做一些设置，就可以将程序下载至 PLC 的 CPU 中。

CPU 的 IP 地址必须和下载程序的计算机处在同一个局域网内，且地址不同。IP 地址由 4 段数字构成，每段数字的范围是 0~255，例如"192.168.0.1"。一般情况下，在子网掩码默认是"255.255.225.0"的条件下，要想让 PLC 的 CPU 和计算机处在同一个局域网内，就需要将计算机 IP 地址的前 3 段设置成与 PLC 的 CPU 一样的数字。而最后一段设置成不同的数字。如当 PLC 的 CPU 地址是"192.168.0.1"时，就可以将计算机的地址设置成"192.168.0.2"等，最后一位可以是 2~255 中的任何一个数字。可以通过博途的在线检测功能查询目标 PLC 的 CPU 当前的 IP 地址。具体方法是，打开项目树"在线访问"子目录下面的网卡选项；这里会出现很多网卡，要选择计算机和 CPU 连接的那个网卡，如这里选择的是"Intel（R）Ethernet Connection（11）I219-V"，双击"更新可访问的设备"选项将会显示目标 PLC 的 CPU 的 IP 地址，如图 4-18 所示。

图 4-18　检测目标 PLC 的 CPU 的 IP 地址

接下来设置计算机的 IP 地址，IP 地址设置步骤如图 4-19 所示。

所有设置就绪之后就在博途软件中执行下载操作。首先单击下载图标，在弹出对话框的"PG/PC 接口类型"下拉列表框中选择"PN/IE"选项。然后在"PG/PC 接口"下拉列表框中选择计算机和 PLC 相连接的网卡，如在这里是"Intel（R）Ethernet Connection l217-V"。

模块4　S7-1200 PLC的基本指令及应用

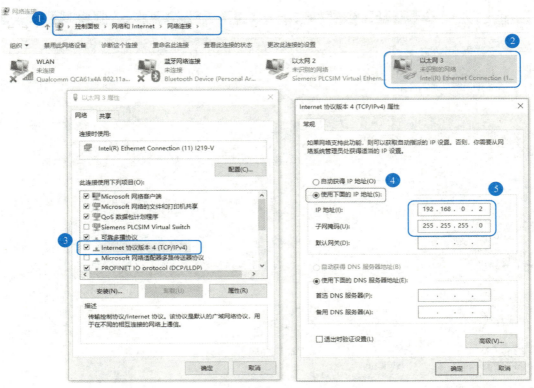

图 4-19　计算机的 IP 地址设置步骤

接着单击"开始搜索"按钮，如图 4-20 所示。搜索完成的结果如图 4-21 所示，然后选中目标 PLC 单击"下载"按钮，程序就下载到 PLC 的 CPU 中了。

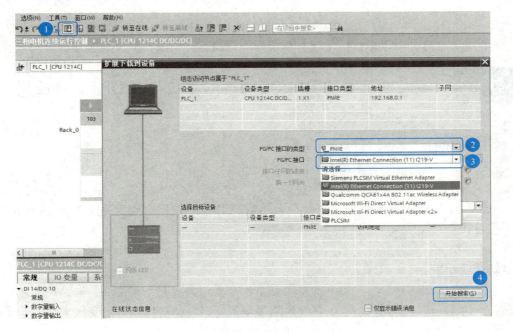

图 4-20　选择网卡搜索目标 PLC 的 CPU

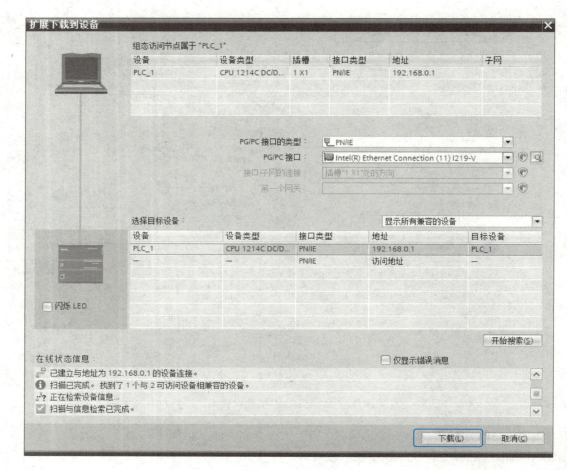

图 4-21 程序下载

下载成功之后，可以操作按钮开关观察电动机的运行情况，验证程序是否正确。

任务 4.2　多人抢答器的 PLC 控制——置位与复位指令及应用

任务描述

开发一款 4 人抢答器，采用 4 个控制按钮作为抢答开关。抢答指令发出后 4 位选手分别去按下自己的按钮开关，最先按下按钮的选手为抢答成功的选手。采用 4 只 LED 指示灯作为选手抢答成功的标识，即当选手抢答成功后，对应的指示灯会亮起。控制过程由 S7-1200 系列 PLC 控制实现。

任务分析

为了完成这个任务，需要用到置位与复位指令。与此同时，在第一位选手按下之后，其他几位选手的按钮应该失效。为了将抢答结果呈现出来，通过指示灯的亮灭来表示选手是否抢答成功。

4.2.1 置位与复位指令

在 S7-1200 系列 PLC 中，关于置位与复位的指令有以下 3 种，即置位输出与复位输出、置位位域与复位位域、置位/复位触发器与复位/置位触发器，如图 4-22 所示。

任务 4.2 置位和复位指令

1. 置位输出与复位输出

（1）置位输出指令

置位输出指令（置位，Set，即将对应的地址置"1"），该指令将指定的地址位置位，变为 1 状态并保持。

仅当线圈输入的逻辑运算结果（Result of Logic Operation，RLO）为"1"时，才执行该指令。如果信号流通过线圈（RLO 为"1"），则指定的操作数将置位为"1"。如果没有信号流通过线圈（RLO 为"0"），则指定操作数的信号状态将保持不变。

在西门子 S7 系列 PLC 中，RLO 状态字的第一位称为逻辑运算结果，该位用来存储执行位逻辑指令或比较指令的结果。RLO 的状态为"1"时，表示有能流流到梯形图中的运算点处；RLO 的状态为"0"时，则表示无能流流到该点处。图 4-23 所示，当 I0.0 = 1、I0.1 = 1、I0.2 = 1、I0.3 = 1 时，圆圈所处运算点处的 RLO = 1，Q0.0 将会输出高电平。

图 4-22 置位与复位指令的种类

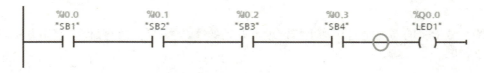

图 4-23 逻辑运算结果（RLO）的示例

置位输出指令有别于前面的线圈指令，一旦该指令执行，其对应的操作数就一直为置位状态也就是一直为"1"。不论前面的 RLO 怎么变化都无法改变该操作数的值，除非用到下面的复位输出指令。

（2）复位输出指令

复位输出指令（复位，Reset，即将对应的地址置"0"），该指令将指定的地址复位，变为 0 状态并保持。

仅当线圈输入的逻辑运算结果（RLO）为"1"时，才执行该指令。如果信号流通过线圈（RLO 为"1"），则指定的操作数将复位为"0"。如果没有信号流通过线圈（RLO 为"0"），则指定操作数的信号状态将保持不变。

与置位指令类似，一旦执行，其对应的操作数就一直为复位状态，也就是一直为"0"。不论前面的 RLO 怎么变化都无法改变该操作数的值，除非用到置位输出指令。

下面通过实现电动机的连续运行控制（任务 4.1）的例子，来说明这两个指令的使用情况，具体程序如图 4-24 所示。

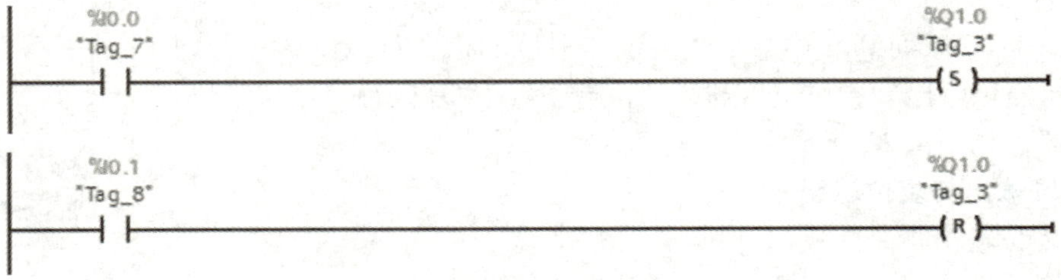

```
  %I0.0                                    %Q1.0
  "Tag_7"                                  "Tag_3"
───┤ ├──────────────────────────────────────( S )───


  %I0.1                                    %Q1.0
  "Tag_8"                                  "Tag_3"
───┤ ├──────────────────────────────────────( R )───
```

图 4-24 置位与复位程序

当 I0.0 对应的按钮开关按下之后，Q1.0 就变为"1"，Q1.0 对应的接触器主触点接通，电动机运转，之后不管 I0.0 是否断开，Q1.0 始终为 1；当 I0.1 对应的按钮开关按下之后，Q1.0 就变为"0"，电动机停止运行。

2. 置位位域与复位位域指令

置位位域与复位位域指令的格式如图 4-25 所示。

（1）置位位域指令

置位位域指令的功能是对从某个特定地址开始的多个位进行置位操作。

在该指令中，用 <操作数 1> 来指定要置位的位数，用 <操作数 2> 来指定要置位位域的首位地址。<操作数 1> 的值不能大于选定字节中的位数。如果该值大于选定字节中的位数，则将不执行该条指令且显示错误消息"超出索引 <操作数 1> 的范围（Range violation for index <Operand1>）"。在通过另一条指令复位这些位之前，它们会一直保持置位状态。

仅在线圈输入端的逻辑运算结果（RLO）为"1"时，才执行该指令。如果线圈输入端的 RLO 为"0"，则不会执行该指令。

（2）复位位域指令

复位位域指令的功能是对从某个特定地址开始的多个位进行复位操作。使用方法与置位位域指令相同。

图 4-25 置位位域与复位位域指令
a）置位位域指令 b）复位位域指令

下面通过一个例子说明该指令的应用。在图 4-26 所示的程序中，当 M20.0 为 1 时，Q1.4、Q1.5、Q1.6 均被置位，当 M20.1 为 1 时，Q1.4、Q1.5、Q1.6 均被复位。

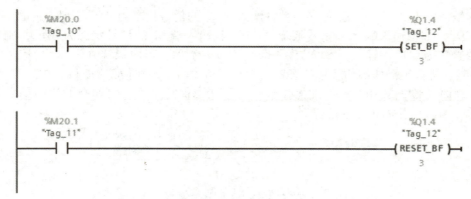

图 4-26 置位位域与复位位域指令的应用

3. 触发器指令

（1）置位/复位触发器指令

置位/复位触发器指令的功能是根据输入端 S 和 R1 的信号状态，置位或复位指定操作数的位，指令格式如图 4-27 所示。

如果输入端 S 的信号状态为"1"，且输入端 R1 的信号状态为"0"，则将指

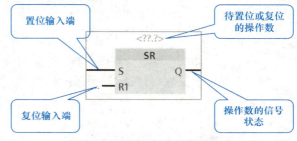

图 4-27 置位/复位触发器指令

定的操作数置位为"1"。如果输入端 S 的信号状态为"0"，且输入端 R1 的信号状态为"1"，则将指定的操作数复位为"0"。输入端 R1 的优先级高于输入端 S。如果输入端 S 和 R1 的信号状态都为"1"时，指定操作数的信号状态将复位为"0"。如果输入端 S 和 R1 的信号状态都为"0"，则不会执行该指令，因此操作数的信号状态保持不变。操作数的当前信号状态被传送到输出 Q，并可在此进行查询。

下面通过一个例子说明该指令的使用，如图 4-28 所示。当 I1.0 为"1"且 I1.1 为"0"时，M21.0 被置位为"1"。同时在该指令的 Q 端会输出置位的结果，也就是它后面连接的 Q1.6 也会被置位为"1"，在具体的应用中一般也是用 Q 端来置位指定的位。当 I1.0 为"0"且 I1.1 为"1"时，M21.0 被复位为"0"，Q1.6 也会被复位为"0"。当 I1.0 为"1"且 I1.1 为"1"时，M21.0 被复位为"0"，Q1.6 也会被复位为"0"。当 I1.0 为"0"且 I1.1 为"0"时，M21.0 和 Q1.6 维持之前的状态。

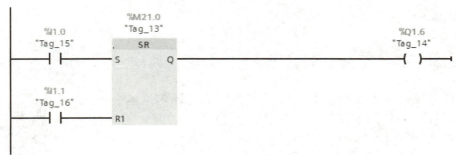

图 4-28 置位/复位触发器指令的应用

（2）复位/置位触发器指令

复位/置位触发器指令，根据输入端 R 和 S1 的信号状态，置位或复位指定操作数的位。指令格式如图 4-29 所示。

如果输入端 R 的信号状态为"1",且输入端 S1 的信号状态为"0",则指定的操作数将复位为"0"。如果输入端 R 的信号状态为"0"且输入端 S1 的信号状态为"1",则将指定的操作数置位为"1"。输入端 S1 的优先级高于输入端 R。当输入端 R 和 S1 的信号状态均为"1"时,将指定操作数的信号状态置位为"1"。如果两个输入端 R 和 S1 的信号状态都为"0",则不会执行该指令,因此操作数的信号状态保持不变。操作数的当前信号状态被传送到输出端 Q,并可在此进行查询。

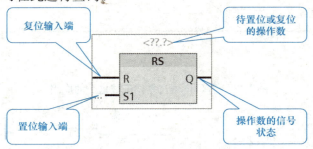

图 4-29　复位置位触发器指令

图 4-30 展示了复位/置位触发器指令的应用,分析方法同上,这里不再赘述。

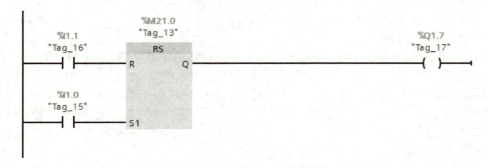

图 4-30　复位/置位触发器指令的应用

置位/复位触发器指令和复位/置位触发器指令非常相似,它们的不同之处在于当 R 和 S1 同时为"1"的时候,它们的结果是不同的,也就是优先级的问题。置位/复位触发器指令的复位优先级最高,而复位/置位触发器指令的置位优先级最高。

任务实施

4.2.2　I/O 地址分配

本次任务要实现 4 人抢答器,需要 4 个按钮实现 4 位选手的抢答。同时,在每一轮抢答活动结束后需要复位系统,因此还需要 1 个按钮实现系统复位的功能。每位选手抢答成功之后,需要 1 只 LED 灯显示抢答成功的信号,因此需要 4 个指示灯,I/O 地址分配见表 4-3。

任务 4.2　任务分析

表 4-3 I/O 地址分配表

元件	符号	地址	说明
按钮 1	SB1	I0.0	抢答人 1 按钮
按钮 2	SB2	I0.1	抢答人 2 按钮
按钮 3	SB3	I0.2	抢答人 3 按钮
按钮 4	SB4	I0.3	抢答人 4 按钮
按钮 5	SB5	I0.4	复位按钮
指示灯 1	LED1	Q0.0	抢答人 1 抢中指示灯
指示灯 2	LED2	Q0.1	抢答人 2 抢中指示灯
指示灯 3	LED3	Q0.2	抢答人 3 抢中指示灯
指示灯 4	LED4	Q0.3	抢答人 4 抢中指示灯

4.2.3 电路设计

电路设计中主要是按钮、指示灯与 PLC I/O 端口的连接，根据以上任务分析以及 I/O 地址分配表，可以设计出图 4-31 所示的电路图。

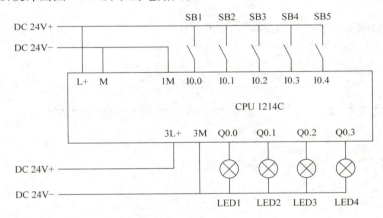

图 4-31 抢答器电路图

4.2.4 程序编写

在每个指令的操作数中输入地址时，在地址的下方会出现"Tag_1"等类似的字样。这实际上是 TIA 博途为这个地址起的变量名称，变量名称的用途主要是便于程序员能够快速地判断该地址的用途，即见其名知其意。但是像"Tag_1"等类似的变量名并没有为我们识别该地址的用途带来多大的帮助，所以在程序编写中需要根据用途给地址命名。具体方法是选择项目树中的"PLC 变量"选项，再单击"默认变量表"命令就可以建立变量表了。本任务中的程序比较简单，所以只在默认变量表中建立变量就能满足要求了。本次任务中，建立的变量表如图 4-32 所示。

任务 4.2 任务实施

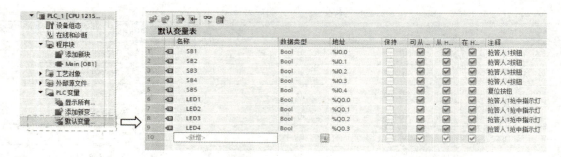

图 4-32 建立变量表

变量表建立好之后，在 OB1 中编写程序，实现 4 人抢答的程序如图 4-33 所示。

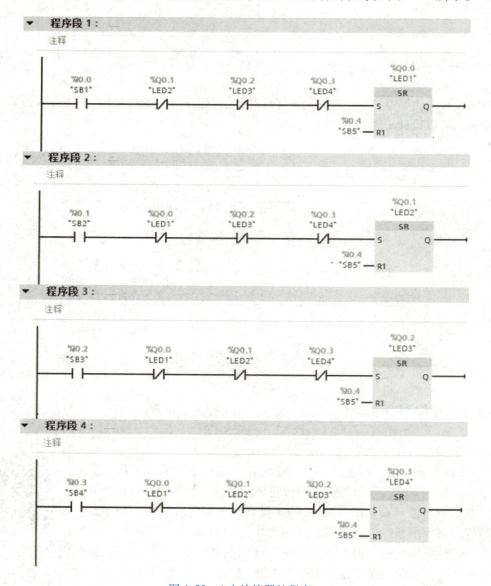

图 4-33 4 人抢答器的程序

4.2.5　在仿真软件 PLCSIM 中验证程序

在博途软件的菜单栏下方找到图 4-34 所示的快捷按钮，单击之后就会弹出 PLCSIM 界面，这是精简模式。当 "RUN/STOP" 前的灯为绿色的时候就说明仿真 PLC 已经运行。单击 PLCSIM 右上角图标按钮打开 PLCSIM 的项目视图，这时还需要在项目视图下新建一个仿真项目工程文件。然后在 "SIM" 表格中填入要操作或者观察的变量，就可以和实际 PLC 的 I/O 一样来验证程序的逻辑了，如图 4-35 所示。

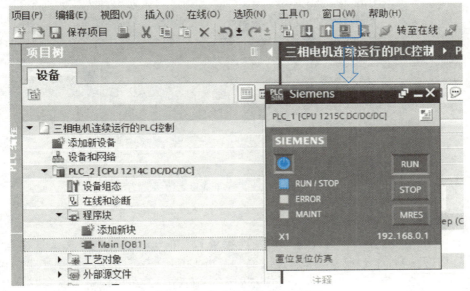

图 4-34　启动仿真软件 PLCSIM

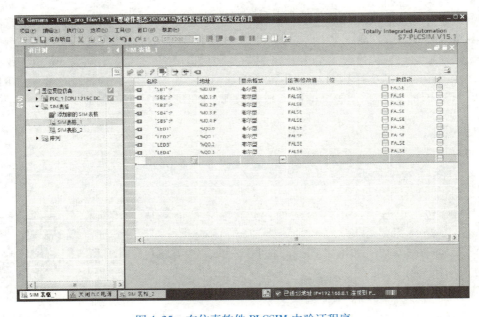

图 4-35　在仿真软件 PLCSIM 中验证程序

任务 4.3　地下车库车辆出入 PLC 控制——边沿检测指令及应用

任务描述

在地下停车场的出入口处，同一时间只允许一辆车进出，在进出通道的两端设置有红绿灯，如图 4-36 所示。光电开关 1 和光电开关 2 用来检测是否有车经过，光线被车遮住时，光电开关输出信号"1"。有车出入通道时（光电开关检测到车的前沿），两端的绿灯灭，红灯亮，以警示两端后来的车辆不能进入通道。车离开通道时，光电开关检测到车的后沿，两端的绿灯亮，红灯灭，其他车辆可以进入通道。

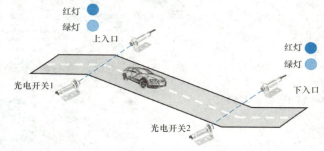

图 4-36　地下车库车辆出入检测

任务分析

为了便于分析，这里先设定光电开关 1 连接至 PLC 的 I0.0，光电开关 2 连接至 PLC 的 I0.1，红灯连接至 PLC 的 Q0.0，绿灯连接至 PLC 的 Q0.1。首先可以这样考虑，当车辆入库时，车辆驶入坡道触发 I0.0 信号进而置位 Q0.0、复位 Q0.1，可以使得车辆在坡道上时红灯亮、绿灯灭；车辆从下出口驶出时，触发 I0.1 信号进而置位 Q0.1、复位 Q0.0，可以使得车辆离开时红灯灭、绿灯亮；但是当车辆从下入口进入时，可以发现结果是矛盾的，所以这里不能简单地通过 I0.0 和 I0.1 置位 Q0.0 和 Q0.1 的方式实现。这种情况可以采用上升沿和下降沿检测指令实现。在车辆入库时，车辆驶入坡道触发 I0.0 进而置位一个中间变量 M0.0，在车辆驶出坡道通过检测下降沿的方式检测到车辆尾部离开时复位中间变量 M0.0；在车辆出库时，采用相同的方法操作另一个变量 M0.1，这样就区分开了车辆入库和出库的情况，然后再用 M0.0 和 M0.1 来控制红绿灯，最终实现本次任务所要求的内容。

知识学习

4.3.1　边沿信号的概念

边沿信号包括上升沿和下降沿两种。上升沿是指信号从"0"到"1"的变化，下降沿是指信号从"1"到"0"的变化，如图 4-37 所示。这里强调的是信号的变化，它是和时间相关的，也就是上一时刻和这一时刻的信号状态的对比。

任务 4.3　边沿检测指令 1

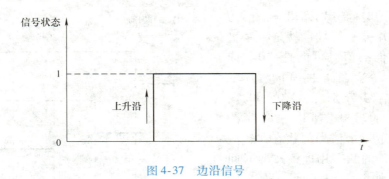

图 4-37　边沿信号

4.3.2　S7-1200 的边沿检测指令

在 S7-1200 系列 PLC 中，关于上升沿、下降沿检测的指令有 4 种，如图 4-38 所示。这些指令从本质上讲都是在检测上升沿或者下降沿，区别在于一些参数的不同。

1. 扫描操作数的信号上升沿和下降沿

（1）扫描操作数的信号上升沿检测指令

扫描操作数的信号上升沿检测指令的功能是检测所指定操作数（<操作数1>）的信号状态是否从"0"变为"1"，如图 4-39 所示。该指令将比较<操作数1>的当前信号状态与上一次扫描周期的信号状态，上一次扫描的信号状态保存在边沿存储位（<操作数2>）中。如果该指令检测到逻辑运算结果（RLO）从"0"变为"1"，则说明出现了一个上升沿。

图 4-38　S7-1200 系列 PLC 中的边沿检测指令　　图 4-39　扫描操作数的信号上升沿检测指令

每次执行指令时，都会查询信号上升沿。检测到信号上升沿时，<操作数1>的信号状态将在一个程序周期内保持置位为"1"。在其他任何情况下，操作数的信号状态均为"0"。接下来通过一个例子来说明该指令的使用，如图 4-40 所示。

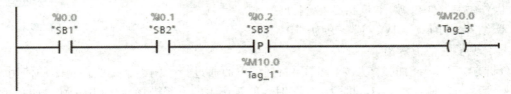

图 4-40　扫描操作数的信号上升沿检测指令的应用

为了便于分析程序的执行过程，一般会采用时序图来分析。时序图就是将要分析的信号状态在不同的时间分别列出来。因为这里研究的是开关量信号也就是数字量信号，所以它们的值只可能是"0"或者"1"两种状态。在图4-40的程序中需要研究的信号分别是I0.0、I0.1、I0.2、M10.0、M20.0，所以在时序图上用一行来表示每个信号的状态。这些信号在不同时刻的状态用虚线按照时间点分割开来，如图4-41所示。上文中关于扫描操作数的信号上升沿检测指令的描述中所说的"上一时刻"的概念来自PLC的循环扫描工作方式。PLC按照固定的周期周而复始地工作，因此这里提到的上一时刻就是上一个循环扫描周期，在这里可以先简单理解为OB1的循环周期。

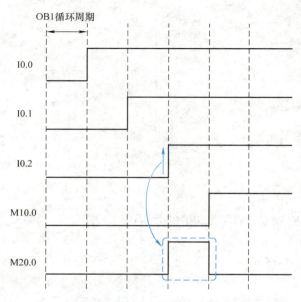

图4-41　扫描操作数的信号上升沿检测指令应用时序图

接下来按照时序图分析图4-40的程序。在第一个周期（相对的第一个周期）I0.0、I0.1、I0.2、M10.0、M20.0这些信号的状态都是"0"，在第二个周期I0.0变为"1"，因此对I0.0来说就是产生了一个上升沿。但是程序中的指令并不是用来检测I0.0的上升沿，在这一条程序语句中，I0.0、I0.1对于后面的上升沿检测指令来说就是该指令执行的先决条件。到了第三个周期，I0.0和I0.1均为"1"，也就是它们的逻辑运算结果（RLO）为"1"，因此后面的上升沿检测指令满足了工作条件。到了第四个周期可以看到I0.2有一个上升沿，因此扫描操作数的信号上升沿检测指令就能检测到该指令，它输出的结果就直接在后续的逻辑中体现。如这里连接的是地址为M20.0的线圈指令，因此M20.0将在一个周期内变为"1"，而到下一个周期又会变为"0"。

（2）扫描操作数的信号下降沿检测指令

扫描操作数的信号下降沿检测指令的功能是检测所指定操作数（<操作数1>）的信号状态是否从"1"变为"0"，如图4-42所示。该指令将比较<操作数1>的当前信号状态与上一次扫描的信号状态，上一次扫描的信号状态保存在边沿存储器位<操作数2>中。如果该指令检测到逻辑运算结果（RLO）从"1"变为"0"，则说明出现了一个下降沿。

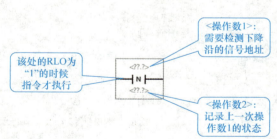

图4-42　扫描操作数的信号下降沿检测指令

分析方法和上升沿的类似，这里不再赘述。下面通过一个例子来说明该指令的使用，如图4-43所示。当I0.0和I0.1同时为"1"时，I0.2产生的下降沿将会被扫描操作数的信号下降沿检测指令检测到，并使得M20.0在一个周期内为"1"，具体的时序图如图4-44所示。

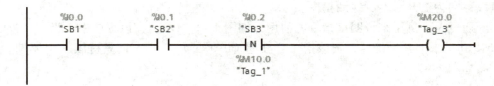

图 4-43　扫描操作数的信号下降沿检测指令的应用

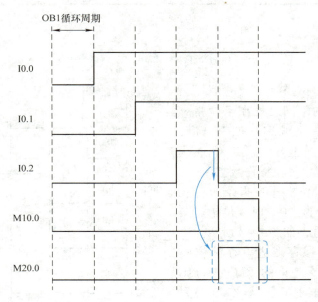

图 4-44　扫描操作数的信号下降沿检测指令应用时序图

2. 边沿检测线圈指令

（1）在信号上升沿置位操作数指令

在信号上升沿置位操作数指令的功能是在逻辑运算结果（RLO）从"0"变为"1"时置位指定操作数（＜操作数1＞），如图4-45所示。该指令将当前RLO与保存在边沿存储位中（＜操作数2＞）上次查询的RLO进行比较。如果该指令检测到RLO从"0"变为"1"，则说明出现了一个信号上升沿。

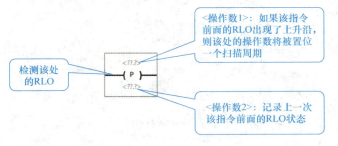

图 4-45　在信号上升沿置位操作数指令

任务 4.3　边沿检测指令 2

虽然官方文档中称该指令为信号上升沿置位操作数指令，但是它检测到上升沿之后的"置位"操作结果也只能保持一个扫描周期，所以要和前文提到的置位指令加以区别。该指令也可以称它为上升沿检测线圈指令。

下面通过一个例子来说明该指令的使用,如图 4-46 所示。在该程序中,当 I0.0 为 "1" 时,如果 I0.1 来上升沿信号,则该指令会使得 Q0.0 变为 "1",且只持续一个周期。具体的时序图如图 4-47 所示。

图 4-46 在信号上升沿置位操作数指令的应用

该指令与之前的扫描操作数的信号上升沿检测指令最大的不同之处在于检测对象的不同,该指令是检测 RLO 的上升沿,而前者是检测指定位的上升沿。

(2) 在信号下降沿置位操作数指令

在信号下降沿置位操作数指令的功能是在 RLO 从 "1" 变为 "0" 时置位指定操作数(<操作数1>),如图 4-48 所示。该指令将当前 RLO 与保存在边沿存储位中(<操作数2>)上次查询的 RLO 进行比较。如果该指令检测到 RLO 从 "1" 变为 "0",则说明出现了一个信号下降沿。

下面通过一个例子来说明该指令的使用,如图 4-49 所示。在该程序中,当 I0.0 为 1 时,如果 I0.1 来下降沿信号,则该指令会使得 Q0.0 变为 "1",且只持续一个周期。具体的时序图如图 4-50 所示。

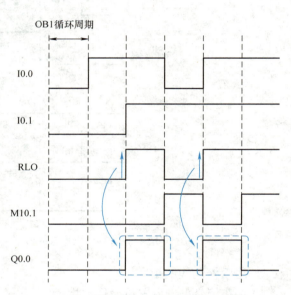

图 4-47 在信号上升沿置位操作数指令应用时序图

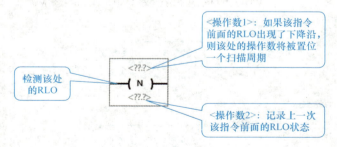

图 4-48 在信号下降沿置位操作数指令

3. 扫描 RLO 的信号上升沿(P_TRIG)和下降沿(N_TRIG)指令

扫描 RLO 的信号上升沿(P_TRIG)和下降沿(N_TRIG)指令实际上是边沿检测线圈指令的另外一种形式,即功能框图形式,如图 4-51 所示。

图 4-49　在信号下降沿置位操作数指令的应用

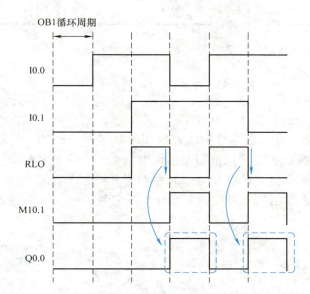

图 4-50　在信号下降沿置位操作数指令应用时序图

图 4-51　扫描 RLO 的信号上升沿（P_TRIG）和下降沿（N_TRIG）指令
a）扫描 RLO 的信号上升沿指令　b）扫描 RLO 的信号下降沿指令

4. 检测信号上升沿（R_TRIG）和下降沿（F_TRIG）指令

（1）检测信号上升沿指令（R_TRIG）

检测信号上升沿指令的功能是检测输入端 CLK 从"0"到"1"的状态变化，如图 4-52

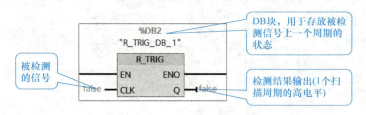

图 4-52　检测信号上升沿指令（R_TRIG）

所示。该指令将输入端 CLK 的当前值与保存在指定实例（即 DB 块）中的上次查询（边沿存储位）的状态进行比较。如果该指令检测到输入端 CLK 的状态从"0"变成了"1"，就会在输出端 Q 中生成一个信号上升沿，输出的值将在一个循环周期内为"1"。在其他任何情况下，该指令输出的信号状态均为"0"。

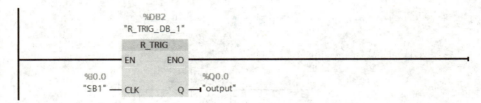

图 4-53 检测信号上升沿指令的应用

（2）检测信号下降沿指令（F_TRIG）

检测信号下降沿指令的功能是检测输入端 CLK 从"1"到"0"的状态变化，如图 4-54 所示。该指令将输入端 CLK 的当前值与保存在指定实例中的上次查询（边沿存储位）的状态进行比较。如果该指令检测到输入端 CLK 的状态从"1"变成了"0"，就会在输出 Q 中生成一个信号下降沿，输出的值将在一个循环周期内为"1"。在其他任何情况下，该指令输出的信号状态均为"0"。

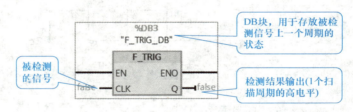

图 4-54 检测信号下降沿指令（F_TRIG）

接下来通过一个例子来说明检测信号上升沿指令的应用。图 4-53 所示的程序段中，当 I0.0 产生上升沿时，Q0.0 将会输出一个周期的高电平。

任务实施

4.3.3 I/O 地址分配

从任务描述中可知，主要元器件有光电开关传感器 2 只，用于指示通道中是否有车辆的指示灯 2 只，具体的 I/O 地址分配见表 4-4。

表 4-4 I/O 地址分配表

元件	符号	地址	说明
光电开关 1	SQ1	I0.0	上入口处传感器
光电开关 2	SQ2	I0.1	下入口处传感器
红色指示灯	LED_R	Q0.0	指示通道中有车辆
绿色指示灯	LED_G	Q0.1	指示通道中无车辆

4.3.4 电路设计

本次任务中的电路只涉及开关和按钮，具体电路图如图4-55所示。

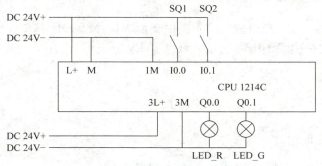

任务4.3 任务实施

图4-55 地下车库车辆出入检测电路图

4.3.5 程序编写

根据任务分析，实现上述功能的程序如图4-56所示。

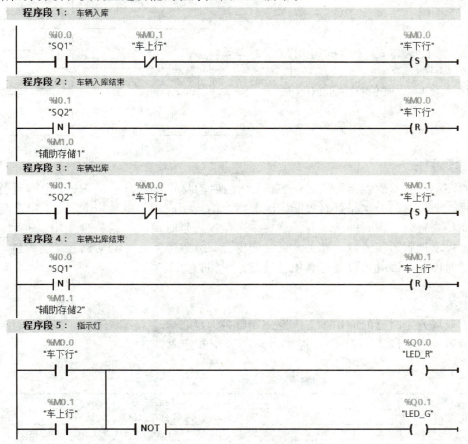

图4-56 地下车库车辆出入检测 PLC 程序

任务4.4　三级物料传送带的PLC控制——定时器指令及应用

任务描述

一条生产线由三条传送带A、B、C组成，分别由电动机M1、M2、M3拖动，如图4-57所示。这三条传送带的工作时序图如图4-58所示，具体要求如下。

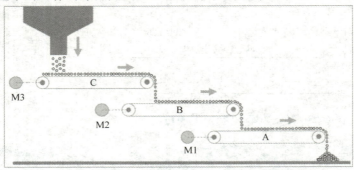

图4-57　三级带传送线

1）按A→B→C顺序启动。
2）停止时，按C→B→A逆序停止。
3）若某传送带的电动机出现故障，该传送带前面的电动机立即停止，后面的传送带电动机依次延时10s后停止。

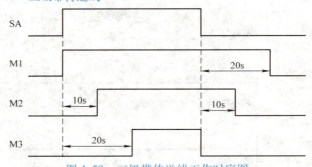

图4-58　三级带传送线工作时序图

**任务分析**

由时序图可以看出控制开关SA控制系统的启动与停止。电动机M1上电即运行，停止时需要延时一段时间，这是延时关断定时器指令的典型应用。电动机M3是上电之后不立即运行，而是要延时一段时间后才开始运行，这是接通延时定时器的典型应用。电动机M2较为复杂，可以理解为接通延时和关断延时的组合。故障产生后各电动机起停的逻辑是立即停止或者延时停止，因此可以通过选用合适的定时器指令来实现。

知识学习

在工业场合定时器的应用非常广泛，如设备的延时启动、延时停止，甚至是设备的定期保养提示等。S7-1200系列PLC提供了4种类型的定时器，见表4-5。这些定时器都属于IEC定时器。

表4-5　S7-1200系列PLC的定时器

类型	功能描述
脉冲定时器（TP）	脉冲定时器可生成具有预设宽度时间的脉冲
接通延时定时器（TON）	接通延时定时器输出端Q在预设的延时过后设置为ON
关断延时定时器（TOF）	关断延时定时器输出端Q在预设的延时过后设置为OFF
保持型接通延时定时器（TONR）	保持型接通延时定时器输出端Q在预设的延时过后设置为ON

4.4.1 脉冲定时器 TP

当输入端 IN 的 RLO 从"0"变为"1"(信号上升沿)时,启动该指令。指令启动时,预设的时间 PT 即开始计时。无论后续输入信号的状态如何变化,输出端 Q 都将输出由 PT 指定一段时间的置位信号。计时期间,即使检测到新的信号上升沿,输出端 Q 的信号状态也不会受到影响,指令格式如图 4-59 所示。

可以扫描 ET 输出处的当前时间值。该定时器值从 T#0s 开始,

任务 4.4 定时器指令 1

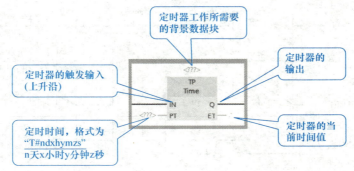

图 4-59 脉冲定时器 TP

在达到持续时间值 PT 后结束。如果 PT 时间用完且输入端 1IN 的信号状态为"0"时,则复位 ET 输出。每次调用脉冲定时器指令,都会为其分配一个 IEC 定时器的背景数据块,用于存储指令数据。

关于定时器的学习主要是分析其时序图。接下来通过具体的程序来分析其工作原理和使用方法,如图 4-60 所示。第一种情况,当 I0.0 变为"1"时,定时器启动且 Q 端变为"1",到达设定的时间(如本例中为 20s)后,Q 端变为"0";此时如果 IN 端依然是"1",则定时器会保持当前的时间值,当 IN 端变为"0"时,定时器的时间值会清零。第二种情况,当 I0.0 变为"1"启动定时器后,定时器的 Q 端变为"1",如果计时还未结束 I0.0 就变为"0",甚至是又变为"1",这都不会影响定时器计时,直到计时结束后;如果 I0.0 是"0",则定时器时间值清零,且其 Q 端变为"0"。第三种情况,当 I0.0 变为"1"启动定时器后,定时器的 Q 端变为"1";在计时还未结束时,I0.0 变为"0",紧接着在 I0.1 变为 1,这就会通过定时器复位指令[RT]将定时器复位;此时定时器的时间值被清零,同时 Q 端也会变为"0"。第四种情况,当 I0.0 变为"1"启动定时器后,定时器的 Q 端变为"1";在计时还未结束时,I0.0 保持"1"不变,紧接着 I0.1 变为"1",这同样会复位定时器,但是如果在计时还没结束的情况下,I0.1 又变为"0";此时定时器会重新启动,在这期间定时器的 Q 端一直保持"1"。之后的工作情况和其前面的几种情况类似,这里不再赘述。

下面通过一个例子来学习脉冲定时器的应用,如图 4-61 所示。在图中所示的程序中,按下连接在 I0.0 端口的按钮时,Q0.0 会变为"1",电动机立即起动运行;工作 1min 40s 后 Q0.0 会变为"0",电动机停止运转。在运行过程中,如果发生故障(如过载,这里用 I0.2

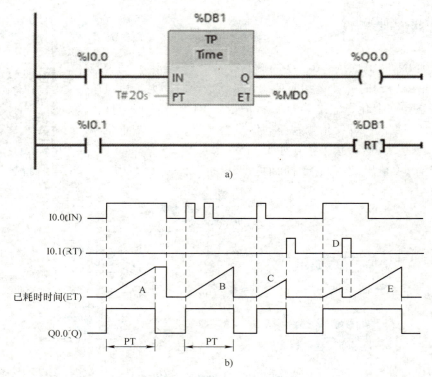

图 4-60 脉冲定时器 TP 指令时序图分析
a) PLC 程序 b) 时序图

模拟),或按下连接在 I0.1 的停止按钮,Q0.0 会变为"0",电动机立即停止运行。

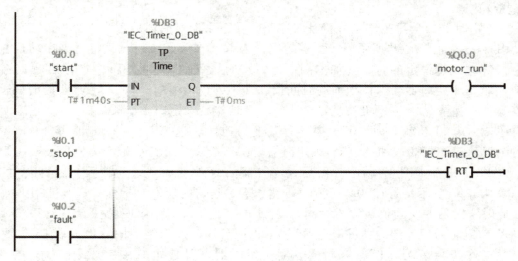

图 4-61 脉冲定时器 TP 指令的应用

前面介绍的是脉冲定时器 TP 的功能框图形式的指令,在博途软件中还提供了线圈形式的指令,其功能是一样的,只不过表现形式不同,其指令形式如图 4-62 所示。上述例子的控制需求用线圈形式的指令实现的程序如图 4-63 所示。

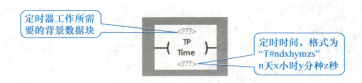

图4-62 线圈形式的脉冲定时器TP指令

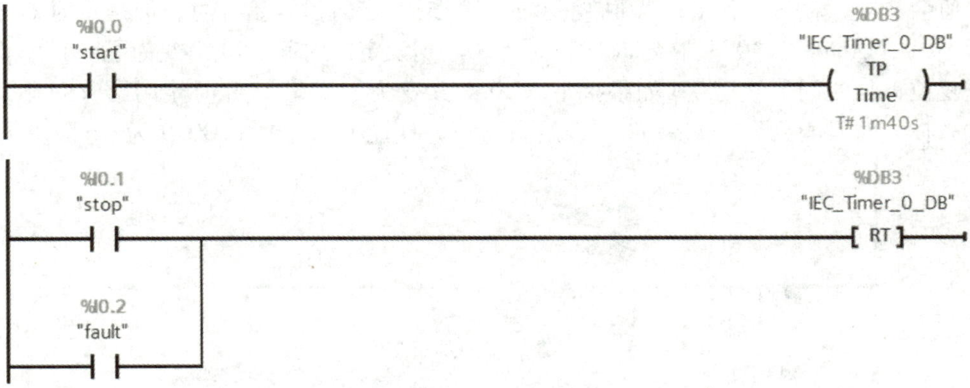

图4-63 线圈形式的脉冲定时器TP指令的应用

4.4.2 接通延时定时器TON

当输入端IN的逻辑运算结果（RLO）从"0"变为"1"（信号上升沿）时，启动该指令。指令启动时，预设的时间PT即开始计时。超出预设时间PT之后，输出端Q的信号状态将变为"1"。只要启动输入端信号仍为"1"，输出端Q就保持置位。启动输入端的信号状态从"1"变为"0"时，将复位输出端Q。在启动输入端检测到新的信号上升沿时，定时器将再次启动，指令的形式如图4-64所示。

任务4.4 定时器指令2

可以在ET端输出查询当前的时间值。该定时器值从T#0s开始，在到达预设时间值PT后结束。只要输入端IN的信号状态变为"0"，输出端ET就复位。每次调用接通延时定时器指令，都会为其分配一个IEC定时器的背景数据块，用于存储指令数据。

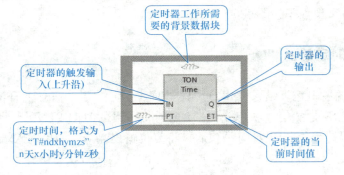

图4-64 接通延时定时器TON

接下来通过具体的程序来分析其工作原理和使用方法,如图 4-65 所示。第一种情况,当 I0.0 变为"1"时,定时器开始计时,但是定时器的 Q 端依然为"0",Q0.0 为"0";当定时器计时到达设定的时间(如本例中为 5s)后,Q 端变为"1",Q0.0 为"1";此时如果 I0.0 依然是"1",则定时器会保持当前的时间值;当 I0.0 变为"0"时,定时器的时间值会清 0。第二种情况,当 I0.0 变为"1"时,定时器开始计时,但是定时器的 Q 端依然为"0",Q0.0 为"0";如果定时器计时还未达到设定的时间,而 I0.0 变为"0"时,定时器的时间值会清 0。第三种情况,当 I0.0 变为"1"时,定时器开始计时,但是定时器的 Q 端依然为"0",Q0.0 为"0";在定时器计时还未达到设定的时间,I0.1 变为了"1",此时定时器被复位,且时间值被清 0;如果接下来 I0.1 又变为了"0",此时定时器又重新从 0 开始计时;在计时时间到后,如果 I0.0 仍然为"1",Q 端变为"1",Q0.0 为"1"。

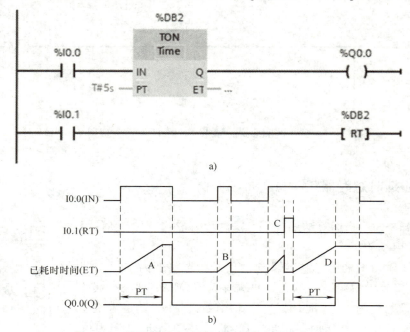

图 4-65 接通延时定时器 TON 程序应用及其时序图
a)接通延时定时器的应用 b)时序图

下面通过一个例子来学习接通延时定时器的应用。使用延时接通定时器实现上文中电动机起停控制的任务,即按下按钮 I0.0,电动机立即启动运行,工作 1min 40s 后自动停止;在运行过程中如果发生故障(如过载,这里用 I0.2 模拟),或按下停止按钮 I0.1,电动机立即停止运行,具体实现程序如图 4-66 所示。

4.4.3 关断延时定时器 TOF

当输入端 IN 的逻辑运算结果(RLO)从"0"变为"1"(信号上升沿)时,将置位 Q 输出端。当输入端 IN 处的信号状态变回"0"时,预设的时间 PT 开始计时。只要 PT 仍在计时,输出 Q 就保持置位。PT 计时结束后,将复位输出端 Q。如果输入端 IN 的信号状态在 PT 计时结束之前变为"1",则复位定时器,输出端 Q 的信号状态仍将为"1"。指令形式如图 4-67 所示。

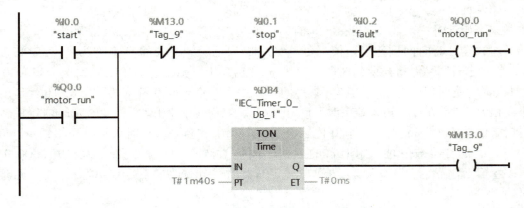

图 4-66　接通延时定时器 TON 的应用

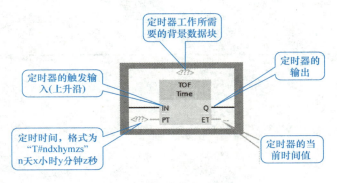

图 4-67　关断延时定时器 TOF

以下将关断延时定时器 TOF 指令放到程序中来分析其工作原理和使用方法，如图 4-68

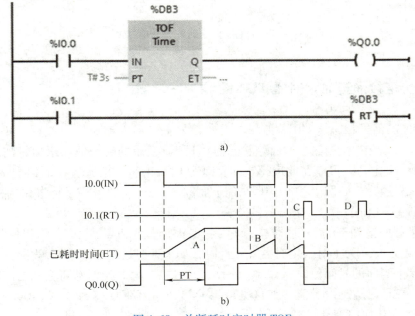

图 4-68　关断延时定时器 TOF
a）关断延时定时器的应用　b）时序图

所示。第一种情况，当 I0.0 变为"1"时，定时器的 Q 端变为"1"，Q0.0 为"1"，此时定时器并未开始计时；当 I0.0 变为"0"时，也就是定时器的 IN 端出现了下降沿时，定时器开始计时；在计时时间到达设定值（如这里是 3s）后，定时器的 Q 端变为"0"，Q0.0 为"0"，此时定时器将保持当前的时间值直到 I0.0 出现上升沿为止。第二种情况，当 I0.0 变为"1"时，定时器的 Q 端变为"1"，Q0.0 为"1"；接着 I0.0 又变为"0"（也就是出现了下降沿），如果在计时还未结束时，I0.0 又变为"1"（即上升沿），此时定时器将重新开始计时，Q 端依然保持"1"，Q0.0 依然为"1"；如果在新一轮计时中计时还未结束，I0.1 变为"1"，定时器被复位，定时器的当前时间值被清 0，同时 Q 端变为"0"，Q0.0 为"0"。第三种情况，当 I0.0 变为"1"时，定时器的 Q 端变为"1"，Q0.0 为"1"；此时如果 I0.1 变为"1"，定时器的 Q 端依然保持为"1"，Q0.0 也为"1"。

下面通过一个例子来学习关断延时定时器 TOF 的应用，使用关断延时定时器实现电动机停止后其冷却风扇延时 2min 后停止，应用程序如图 4-69 所示。

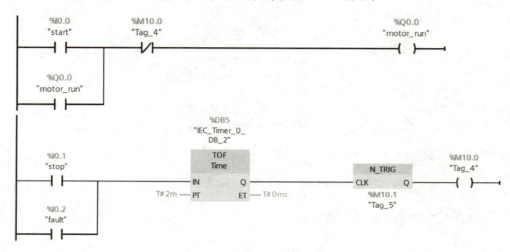

图 4-69 关断延时定时器 TOF 的应用

4.4.4 保持型接通延时定时器 TONR

输入端 IN 的信号状态从"0"变为"1"（信号上升沿）时，指令执行，开始计时。当 PT 正在计时，加上在 IN 端输入的信号状态为"1"时记录的时间值。累加得到的时间值将写入到输出端 ET 中，并可以在此进行查询。PT 计时结束后，输出端 Q 的信号状态为"1"。即使 IN 端的信号状态从"1"变为"0"（信号下降沿），Q 端仍将保持置位为"1"。指令结构形式如图 4-70 所示。

下面将保持型接通延时定时器指令放到程序中来分析其工作原理和使用方法，如图 4-71 所示。当 I0.0 为 1 时，定时器开始计时，如果计时还未结束 I0.0 就变为"0"，此时定时器将会保持当前的时间值；当 I0.0 又一次变为"1"时，定时器将会在之前的计时基础上继续计时；在计时达到设定值（如这里是 3s）后，输出端 Q 变为"1"，Q0.0 变为"1"；从此以后不论 I0.0 如何变化，输出端 Q 一直为"1"，Q0.0 变为"1"，除非当 I0.1 变为"1"时，输出端 Q 变为"0"，Q0.0 变为"0"。

模块4　S7-1200 PLC的基本指令及应用

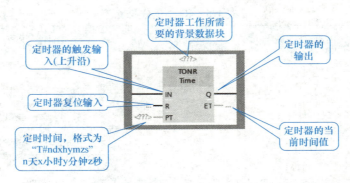

图 4-70　保持型接通延时定时器（时间累加器）TONR

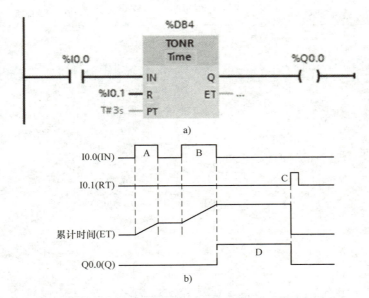

图 4-71　保持型接通延时定时器 TONR 及其时序图

a）保持型接通延时定时器的应用　b）时序图

4.4.5　I/O 地址分配

从任务要求可知有一个起动开关和三个故障传感器，因此需要 4 个输入点。同时，控制三台电动机运行的继电器需要 3 个输出点，最终的 I/O 地址分配见表 4-6。

任务4.4　任务分析

表 4-6　IO 地址分配表

元件	符号	地址	说明
开关 SA	SA	I0.0	起动开关 SA
故障传感器 SQ1	SQ1_M1_Falut	I0.1	电动机 1 故障传感器
故障传感器 SQ2	SQ2_M2_Falut	I0.2	电动机 2 故障传感器
故障传感器 SQ3	SQ3_M3_Falut	I0.3	电动机 3 故障传感器
继电器 KA1	Motor1	Q0.1	电动机 1 运行控制继电器
继电器 KA2	Motor2	Q0.2	电动机 2 运行控制继电器
继电器 KA3	Motor3	Q0.3	电动机 3 运行控制继电器

4.4.6　电路设计

电路的设计就是按钮、传感器和输入端口的连接，继电器线圈和输出端口的连接，具体电路图如图 4-72 所示。

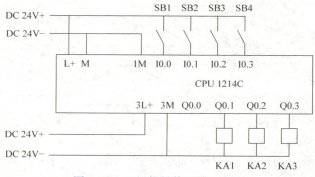

图 4-72　三级物料传送带电路图

4.4.7　程序编写

这里先实现第 1）点和第 2）点要求。这两点其实就是电动机的延时接通起动或者是延时断开停止。这和前文介绍的几种定时器的功能非常相近，对定时器的指令进行研究后设计程序如图 4-73 所示，图中的"SA_M1"为中间变量，因为还有第 3 点要求的控制，所以在这里暂时用一个中间变量代表正常情况下电动机 1 的起动/停止，其他电动机类似。对于电动机 1 故障、电动机 2 故障、电动机 3 故障导致电动机 1 停机的情况要区别对待，分别用中间变量"M1Fault_to_M1""M2Fault_to_M1"和"M3Fault_to_M1"代表，然后将这些条件汇总之后就可以完成一台电动机的完全控制，如图 4-74 所示。

对于电动机 2 和电动机 3 的控制思路和程序编写与电动机 1 类似，这里不再赘述。

任务 4.4　任务实施（正常起停）

模块4　S7-1200 PLC的基本指令及应用

程序段 1： 正常起动停止

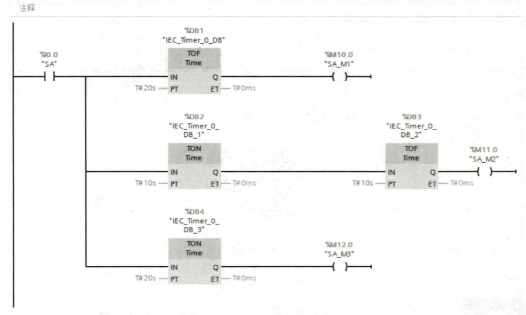

图 4-73　三级物料传送带的正常起动/停止控制程序（一）

程序段 2： M1故障导致M1停机条件

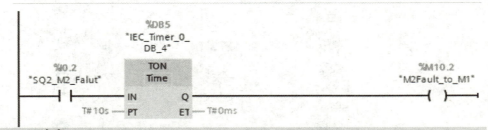

程序段 3： M2故障导致M1停机条件

程序段 4： M3故障导致M1停机条件

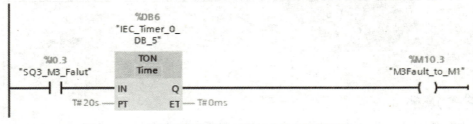

图 4-74　三级物料传送带的正常起动停止控制程序（二）

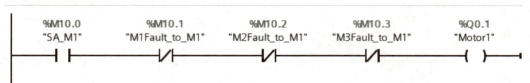

图 4-74　三级物料传送带的正常起动停止控制程序（二）（续）

任务 4.4　任务实施（故障产生时的起停）

任务 4.5　停车场车位计数 PLC 控制——计数器指令及应用

 任务描述

停车场有 28 个车位，其中 7 个车位为预留车位，供内部使用，剩下 21 个车位对外开放。车辆的进出都有传感器进行检测，当停车场有空位时，绿色指示灯亮，当停车场没有空位时红色指示灯亮，无对外车位时黄色指示灯亮，停车场示意图如图 4-75 所示。

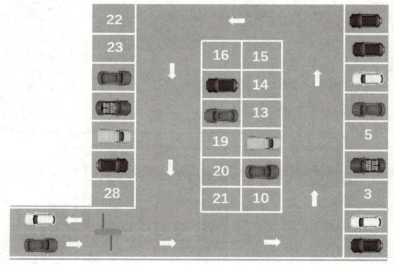

图 4-75　停车场示意图

 **任务分析**

在本任务中只考虑车辆的计数，是一个典型的计数器指令的应用场景。以停车场当前的

车辆数作为计数器的当前值,当停车场出口处的传感器被触发时,就说明有车辆驶出,车位就会多出一个,因此计数器加 1;当停车场入口处的传感器被触发时,就说明有车辆驶入,车位就会减少一个,因此计数器减 1。预留的车位可以通过计数器指令的预置值实现。

知识学习

S7-1200 系列 PLC 提供了 3 种类型的计数器:加计数器、减计数器和加减计数器,如图 4-76 所示。它们都是 IEC 计数器,也是软件计数器,其最大计数速率受它所在 OB 的执行速率的限制。如果需要速度更高的计数器,可使用内置的高速计数器。

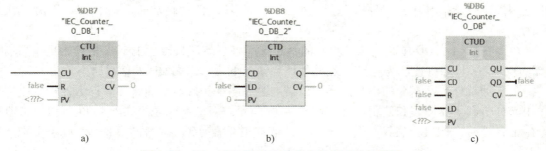

图 4-76　S7-1200 系列 PLC 的 3 种类型的计数器
a)加计数器　b)减计数器　c)加减计数器

在某种程度上可以认为加减计数器是加计数器和减计数器的组合,因此在这里重点学习一下加减计数器。

4.5.1　加减计数器指令 CTUD

在加减计数器指令中,可以通过递增和递减改变输出端 CV 的计数器值。如果输入端 CU 的信号状态从"0"变为"1"(上升沿信号),则当前计数器值加 1 并存储在输出端 CV 中。如果输入 CD 的信号状态从"0"变为"1"(上升沿信号),则输出端 CV 的计数器值减 1。如果在一个程序周期内,输入端 CU 和 CD 都出现上升沿信号,则输出端 CV 的当前计数器值保持不变,加减计数器指令形式如图 4-77 所示。

任务 4.5　计数器指令

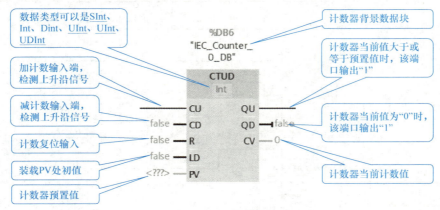

图 4-77　加减计数器指令 CTUD 指令

计数器值可以一直递增，直到其达到输出端 CV 所指定数据类型的上限。达到上限后，即使出现上升沿信号，计数器值也不再递增。达到指定数据类型的下限后，计数器值便不再递减。

输入端 LD 的信号状态变为"1"时，将输出端 CV 的计数器值设置为参数 PV 的值。只要输入端 LD 的信号状态仍为"1"，输入端 CU 和 CD 的信号状态就不会影响该指令。

当输入端 R 的信号状态变为"1"时，将计数器值置位为"0"。只要输入端 R 的信号状态仍为"1"，输入端 CU、CD 和 LD 信号状态的改变就不会影响加减计数器指令。

可以在输出端 QU 中查询加计数器的状态。如果当前计数器值大于或等于预置值 PV，则将输出端 QU 的信号状态置位为"1"。在其他任何情况下，输出 QU 的信号状态均为"0"。

可以在输出端 QD 中查询减计数器的状态。如果当前计数器值小于或等于"0"，则输出端 QD 的信号状态将置位为"1"。在其他任何情况下，输出端 QD 的信号状态均为"0"。

关于加减计数器指令的学习同样可以借助时序图来实现。下面将加减计数器指令放到程序中来分析其工作原理和使用方法，如图 4-78 所示。对应的时序图如图 4-79 所示。当 I1.3 产生上升沿时，计数器装载初值（本例中计数器预置值为3），然后当 I0.0 和 I0.1 分别产生

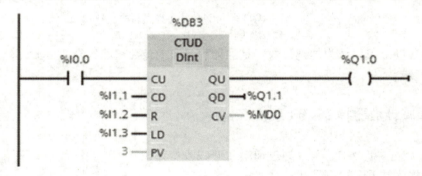

图 4-78 加减计数器指令 CTUD 的应用

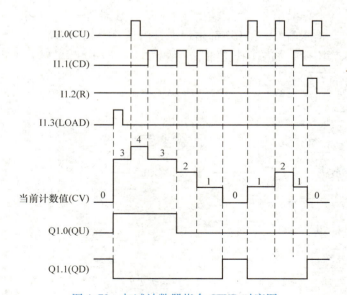

图 4-79 加减计数器指令 CTUD 时序图

上升沿时，计数器会进行加减计数。在这期间如果计数器当前的值小于 3，Q1.0 会变为"0"，如果计数器当前值等于 0，Q1.1 会变为"1"。

4.5.2 数据块

数据块（DB）用于存储用户数据及程序中间变量。新建数据块时，默认状态是优化的存储方式，且数据块中存储的变量是非保持的。数据块占用 CPU 的装载存储区和工作存储区，与标识存储器（我们之前惯用的 M 变量）的功能类似，都是全局变量。不同的是 M 数据区的大小在 CPU 技术规范中已经定义，且不可扩展，而数据块存储区由用户定义，最大不能超过工作存储区或装载存储区。S7-1200 系列 PLC 的非优化数据最大数据空间为 64KB。而优化数据块的存储空间要比这个大得多，但其存储空间与 CPU 的类型有关。

有的程序（如有的通信程序）只能使用非优化数据块，多数情形可以使用优化和非优化数据块，但应优先使用优化数据块。

按照功能分，数据块 DB 可以分为：全局数据块、背景数据块和基于数据类型（用户定义数据类型、系统数据类型和数组类型）的数据块。

1. 全局数据块及其应用

全局数据块用于存储程序数据。因此，数据块包含用户程序使用的变量数据。一个程序中可以创建多个数据块。全局数据块必须在创建后才可以在程序中使用。

在图 4-78 所示的加减计数器指令 CTUD 应用中，计数器指令输出的当前值是存放在"%MD0"中的，这里也可以将该值存放在 DB 块中。数据块的创建如图 4-80 所示。

图 4-80　创建数据块

创建完成之后，在数据块中建立变量"Initial_Value"用来存储计数器初值，建立变量"Current_Value"用来存储计数器的当前值，如图4-81所示。创建好变量之后在程序中就可以应用了，如图4-82所示。

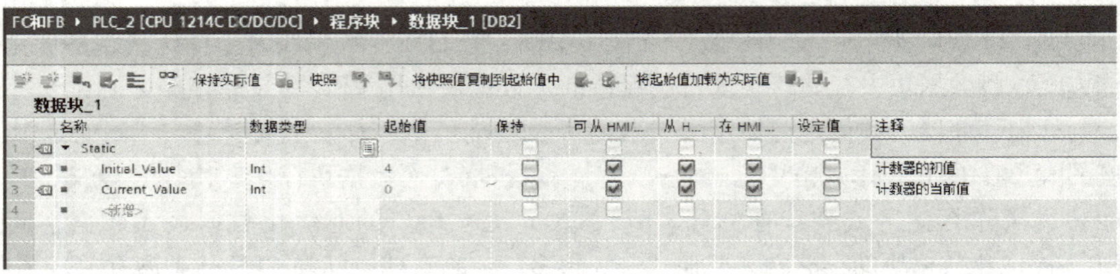

图 4-81 在数据块建立变量

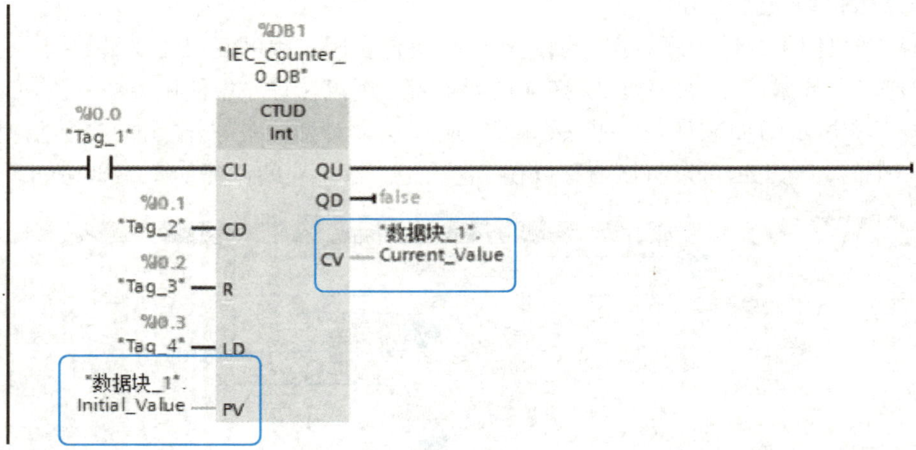

图 4-82 数据块的应用

2. 背景数据块及其应用

背景数据块可直接分配给函数块（FB）。背景数据块的结构不能任意定义，它取决于函数块的接口声明。在接口申明中只包含在该处已声明的那些块参数和变量，但可以在背景数据块中定义实例特定的值，如声明变量的起始值。

在上一个任务和本任务用到的 IEC 计数器指令都用到了背景数据块，只不过在调用指令之前并没有主动去建立数据块，而是在调用的时候由系统默认创建了背景数据块，并且放置在"系统块"目录下的"程序资源"子项中，如图4-83所示。

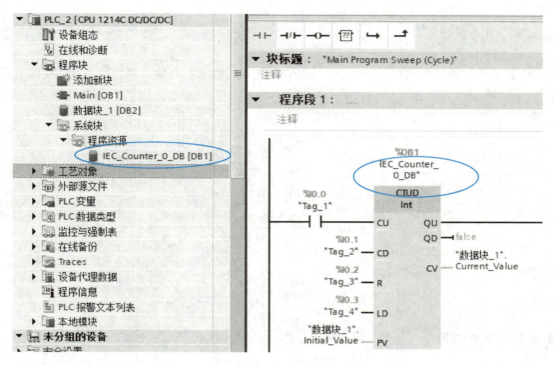

图 4-83 调用 IEC 计数器指令时默认创建的背景数据块

4.5.3 I/O 地址分配

由任务要求可知，停车场出入口处分别有一个传感器，因此需要两个输入点用于传感器信号的读取。同时，为了停车场的初始化操作，还需要一个复位按钮和预留车辆的重置按钮，因此需要两个输入点用于按钮信号的采集，所以总共需要 4 个输入点。还有 3 个指示灯，因此需要 3 个输出点，具体的地址分配见表 4-7。

表 4-7 I/O 地址分配分配表

元件	符号	地址	说明
停车场出口传感器	SQ1	I0.0	车辆出场检测
停车场入口传感器	SQ2	I0.1	车辆入场检测
复位按钮	SB1	I0.2	复位系统，计数器清零
重置按钮	SB2	I0.3	重置对外对内车位分配
绿色指示灯	LED1	Q0.0	停车场内还有空余车位
黄色指示灯	LED2	Q0.1	停车场对外车位已满
红色指示灯	LED3	Q0.2	没有车位

4.5.4 电路设计

电路的设计就是传感器、按钮与输入端口的连接，指示灯与输出端口的连接，具体电路图如图 4-84 所示。

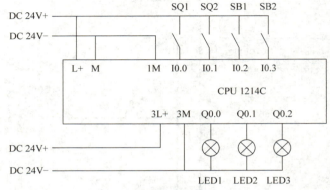

图 4-84　停车场计数控制电路图

4.5.5 程序编写

程序的编写较为简单，根据任务分析将各 I/O 端口地址配置到加减计数器的各端口即可，如图 4-85 所示。

任务 4.5　任务实施

图 4-85　停车场计数控制 PLC 程序

习 题

1. _____是人们用一组规定的符号和规则来表示数的方法。
2. _____是程序处理和控制的对象,在程序运行过程中,数据是通过变量来存储和传递的。
3. 位序列数据类型包括_____、_____、_____和_____。
4. 存储器用于非易失性地存储用户程序、数据和组态。
5. _____是 PLC 接收外部输入的数字量信号的窗口,在每次扫描循环开始时,CPU 读取数字量输入模块的外部输入电路的状态,并将它们存入该区域。
6. _____是一个计算机术语,通俗地讲就是根据数据存放单元的地址找到该数据,或者是根据一个指定的地址将一个数据存放到该处。
7. TIA 博途软件中有_____、语句表、功能块图、_____和顺序功能图,共 5 种基本编程语言。
8. 对于 SR 触发器,当 S 端和 R1 端都为"1"的时候,Q 端输出_____(1 或者 0)。
9. _____指令的功能是对从某个特定地址开始的多个位进行置位操作。
10. _____是指信号从"0"到"1"的变化。
11. S7-1200 系列 PLC 提供了 4 种类型的定时器,分别是_____、_____、_____和_____。
12. S7-1200 系列 PLC 提供了 3 种类型的计数器,分别是_____、_____和_____。
13. 数据块用于存储_____及_____。
14. 通过 PLC 实现单按钮控制电动机的连续运行,设计电路图并编写 PLC 程序。
15. 通过 PLC 实现电动机的正反转,设计电路图并编写 PLC 程序。
16. 有一条传送带由一台电动机驱动,在传送带的首端和末端分别有两个按钮。这两个按钮分别用于起动和停止传送带,也就是在传送带的首端和末端均可以控制传送带的起动与停止。在传送带的末端有一个传感器,当产品到达末端时传感器可以检测到,并停止传送带,请根据以上工艺编写控制程序。
17. 有一台设备的电动机需要进行自动延时停止控制,有两个按钮分别控制该电动机的起动与停止。按下起动按钮时电动机起动并运行 5min 后自动停止,如果在电动机运行的过程中按下停止按钮,电动机则立即停止。请根据以上需求编写控制程序。
18. 有两台电动机需要联动控制,电动机 M1 起动后,电动机 M2 延时 30s 起动;电动机 M1 停止后,电动机 M2 延时 10s 后停止,请编写控制程序。

模块 5　S7-1200 PLC 的功能指令及应用

任务 5.1　电动机参数采集与处理——数据类型及其应用

任务描述

在汽车制造生产线上有大量的电动机,现需要对每台电动机的参数进行数据采集,以建立电动机的档案。通过对电动机的状态参数进行监控,可以对电动机实现更有效的管理。

任务分析

电动机参数有电动机类型、电动机功率、电动机序列号、电动机额定电压、电动机额定电流、电动机生产日期等信息。每种信息的数据类型都不一样,因此需要使用不同类型的变量来存储相应的数据。程序会对采集到的数据进行处理,因此要编写相应的功能块,将采集到的数据传输到功能块中进行处理。为了方便传输,可以将电动机的参数等相关数据存储在一个用户自定义的数据类型中。

任务 5.1　任务分析

**知识学习**

5.1.1　基本数据类型

基本数据类型包括这几种:位序列数据类型、整型、浮点型、定时器、DATE、TOD、LTOD、CHAR、WCHAR。基本数据类型的使用举例可参见表 5-1。基本数据类型的具体说明如下。

任务 5.1　基本数据类型

表 5-1　简单数据类型

数据类型	位数	取值范围	举例
位	1	0/1	0、1
字节	8	16#00 ~ 16#FF	16#02
字	16	16#0000 ~ 16#FFFF	16#F0F0
双字	32	16#00000000 ~ 16#FFFFFFFF	16#1F2FFAFF
短整数	8	-128 ~ 127	-100、120
整数	16	-32768 ~ 32767	-30000、29999
双整数	32	-2147483648 ~ 2147483647	-2000000

(续)

数据类型	位数	取值范围	举例
长整数	64	−9223372036854775808 ~ 9223372036854775807	−49999999 564262561
无符号短整数	8	0 ~ 255	200
无符号整数	16	0 ~ 65535	65523
无符号双整数	32	0 ~ 4294967295	4294961295
无符号长整数	64	0 ~ 18466744073709551615	44073709551615
浮点数	32	−3.402823e+38 ~ −1.175495e−38 0 +1.175495e−38 ~ +3.402823e+38	12.35
长浮点数	64	−1.7976931348623157e+308 ~ −2.2250738585072014e−308 ±0.0 +2.2250738585072014e−308 ~ +1.7976931348623157e+308	12.3669
S5TIME	16	S5T#0MS ~ S5T#2H_46M_30S_0MS	S5T#10MS
TIME	32	T#−24d_20h_31m_23s_64_8ms ~ T#+24d_20h_31m_23s_647ms	T#10d_20h_3m_20s_630ms
LTIME	64	LT#−106751d_23h_47m_16s_854ms_775us_808ns LT#+106751d_23h_47m_16s_854ms_775us_807ns	LT#1d_20h_25m_1s_80ms_62us_15ns
DATE	16	D#1990−01−01 到 D#2169−10−06	D#2021−10−06
TIME_OF_DAY（TOD）	32	TOD#00：00：00.000 到 TOD#23：59：59.999	TOD#10：20：30.400
LTIME_OF_DAY（LTOD）	64	LTOD#00：00：00.000000000 到 LTOD#23：59：59.999999999	LTOD#10：20：30.415
CHAR	8	ASCII 字符集	'A'、'#'
WCHAR	16	Unicode $0000 ~ $D7FF	WCHAR#'a'

1）位（Bit）：位数据的数据类型为 Bool（布尔）型，在编程软件中 Bool 变量的值为"1"和"0"。位存储单元的地址由字节地址和位地址组成，格式为"字节.位"。如图 5-1 所示，当存储区为 I 区时，则将 X 替换为 I，图中黑色方块所占的位地址可以用 I3.4 表示。

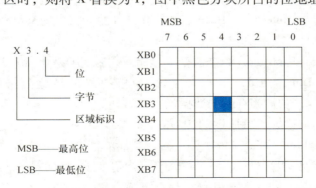

图 5-1 PLC 的存储区编址

2）字节（Byte）：8 位二进制数组成 1 个字节，例如字节 IB8 由 I8.0 ~ I8.7 这 8 位组成，其中第 0 位为最低位（LSB），第 7 位为最高位（MSB）。

用户定义变量的数据类型时，可以在博途软件中进行数据类型的选取，输入数据类型的首字母或前几个字母，系统会自动筛选出相应的数据类型以供用户选取，如图 5-2 所示。

3）字（Word）：相邻两个字节组成一个字，字用来表示无符号数。例如：MW100 由 MB100 和 MB101 组成一个字。

4）双字（Double Word）：相邻两个字组成 1 个双字，双字用来表示无符号数。例如：MD100 是由 MB100、MB101、MB102 和 MB103 组成的一个双字，如图 5-3 所示。

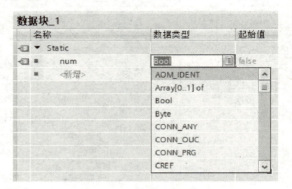

图 5-2　选取 PLC 的数据类型

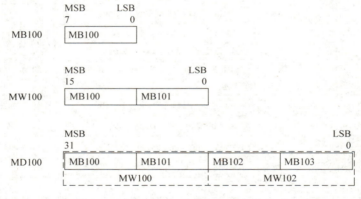

图 5-3　M 存储区字节、字与双字的关系

5）8 位整数（Sint，Short Integer）：8 位整数是有符号数，整数的最高位为符号位，最高位为 0 时表示正数，为 1 时表示负数，取值范围为 -128 ~ 127。当存储的数据没有负数时，可用 USInt（Unsigned Short Integer）数据类型来存储，数据范围是 0 ~ 255。

6）16 位整数（Int，Integer）：16 位整数是有符号数，整数的最高位为符号位，最高位为 0 时表示正数，为 1 时表示负数，取值范围为 -32768 ~ 32767。当存储的数据没有负数时，可用 Uint（Unsigned Integer）数据类型来存储，数据范围是 0 ~ 65535。

7）32 位整数（Dint，Double Integer）：32 位整数的最高位为符号位，取值范围为 -2147483648 ~ 2147483647。当存储的数据没有负数时，可用 UDInt（Unsigned Double Integer）数据类型来存储，数据范围是 0 ~ 4294967295。

8）64 位整数（LInt，Long Integer）：64 位整数的最高位为符号位，取值范围为 -9223372036854775808 ~ 9223372036854775807。当存储的数据没有负数时，可用 ULInt（Unsigned Long Integer）数据类型来存储，数据范围是 0 ~ 18466744073709551615。

9）32 位浮点数（Real）：数据类型 REAL 的操作数长度为 32 位，用于表示浮点数。数

据范围是 -3.402823e+38 到 -1.175495e-38、0 和 +1.175495e-38 到 +3.402823e+38。

10）64 位浮点数（LReal）：数据类型 LREAL 的操作数长度为 64 位，用于表示更大范围的浮点数。

11）定时器时间类型：主要包括 S5TIME、TIME、LTIME 3 种类型。

S5TIME 长度为 16 位，数据类型 S5TIME 将持续时间存储为 BCD 格式，取值范围为 S5T#0MS 至 S5T#2H_46M_30S_0MS。

TIME 长度为 32 位，数据类型为 TIME 的操作数内容以 ms 表示。表示信息包括天（d）、小时（h）、分钟（m）、秒（s）和毫秒（ms）。数据取值范围为 T#-24d_20h_31m_23s_648ms 到 T#+24d_20h_31m_23s_647ms。

LTIME 长度为 64 位，数据类型为 LTIME 的操作数内容以 ns 表示。表示信息包括天（d）、小时（h）、分钟（m）、秒（s）、毫秒（ms）、微秒（us）和纳秒（ns）。数据取值范围为 LT#-106751d_23h_47m_16s_854ms_775us_808ns 到 LT#+106751d_23h_47m_16s_854ms_775us_807ns。

12）日期（DATE）：DATE 数据类型将日期作为无符号整数保存。表示法中包括年、月和日。DATE 长度为两个字节，DATE 的操作数为十六进制形式，取值范围为 D#1990-01-01 到 D#2169-06-06。

13）TIME_OF_DAY（TOD）：TOD 数据类型占用一个双字，存储从当天 0：00 开始的毫秒数，为无符号整数，取值范围为 TOD#00：00：00.000 到 TOD#23：59：59.999。

14）LTIME_OF_DAY（LTOD）：LTOD 数据类型占用 2 个双字，存储从当天 0：00 开始的纳秒数，为无符号整数，取值范围为 LTOD#00：00：00.000000000 到 LTOD#23：59：59.999999999。

15）CHAR 与 WCHAR：CHAR（字符）数据类型的变量长度为 8 位，占用一个字节的内存，WCHAR（宽字符）数据类型的变量长度为 16 位，占用两个字节的内存。WCHAR 数据类型将扩展字符集中的单个字符保存为 UFT-16 编码形式，但只涉及整个 Unicode 范围的一部分。不能显示的字符将使用一个转义字符进行显示。

5.1.2 复杂数据类型

复杂数据类型主要有这几种：DT、LDT、DTL、STRING、WSTRING、ARRAY、STRUCT 以及 UDT，见表 5-2。复杂数据类型的具体说明如下。

任务 5.1　复杂数据类型

1）DT（DATE_AND_TIME）：数据类型 DT 用于存储年、月、日、时、分、秒、毫秒和星期，占用 8 个字节，用 BCD 格式保存。第 0～5 个字节分别存储年、月、日、时、分和秒，毫秒存储在第 6 字节和第 7 字节的高 4 位，星期存放在第 7 字节的低 4 位。星期天的代码为 1，星期一至星期六的代码为 2～7。取值范围为：DT#1990-01-01-00：00：00.000 ~ DT#2089-12-31-23：59：59.999。

2）LDT（DATE_AND_LTIME）：数据类型 LDT 长度为 8 个字节，可存储自 1970 年 1 月 1 日 0：0 以来的日期和时间信息（单位为 ns）。取值范围为：LDT#1970-01-01-00：00：00.000000000 ~ LDT#2262-04-11-23：47：16.854775807。

3) DTL：数据类型 DTL 的操作数长度为 12 个字节，取值范围为：DTL#1970 - 01 - 01 - 00:00:00.0 ~ DTL#2262 - 04 - 11 - 23:47:16.854775807。

4) 字符串（String）：字符串是最多由 254 个字符的一维数组，每个字节存放一个字符。

5) 宽字符串（WString）：WString 的操作数用于在一个字符串中存储多个数据类型为 WCHAR 的 Unicode 字符。如果未指定长度，则字符串的长度为预置的 254 个字符。

6) 数组（Array）：数组是将一组同一类型的数据组合在一起，形成一个单元，数组的维数最多为 6 维。

7) 结构（Struct）：结构是将一组不同类型的数据组合在一起，形成一个单元。可以用基本数据类型、复杂数据类型（包括数组与结构）和用户定义数据类型（UDT）作为结构中的元素。

8) 用户自定义数据类型（UDT）：也叫 PLC 数据类型（UDT），用户自定义数据类型由用户将基本数据类型和复杂数据类型组合在一起，形成的新数据类型。

表 5-2 复杂数据类型

数据类型	位数	取值范围	举 例	
DT	64	DT#1990 - 01 - 01 - 00:00:00.000 ~ DT#2089 - 12 - 31 - 23:59:59.999	DT#2008 - 10 - 25 - 08:12:34.567	
LDT	64	LDT#1970 - 01 - 01 - 00:00:00.000000000 ~ LDT#2262 - 04 - 11 - 23:47:16.854775807	LDT#2021 - 06 - 25 - 08:12:36.567	
DTL	96	DTL#1970 - 01 - 01 - 00:00:00.0 ~ DTL#2262 - 04 - 11 - 23:47:16.854775807	DTL#2021 - 02 - 16 - 20:30:20.150	
STRING	8	ASCII 字符集组成的字符串，0~254 个	'Name'	
WSTRING	16	多个数据类型为 WCHAR 的 Unicode 字符，0~254 个	WSTRING#'Good Morning'	
ARRAY	用户定义	—	number：Array [0 - 20] of Int	
STRUCT	用户定义	—	名称	数据类型
			motor	Struct
			motor_speed	Int
			motor_current	Real
UDT	用户定义	—	Motor	
			名称	数据类型
			motor_type	String
			motor_speed	Int
			motor_current	Real

5.1.3 其他数据类型

其他数据类型还包括指针类型、参数类型、系统数据类型、硬件数据类型等。

模块5　S7-1200 PLC的功能指令及应用

任务实施

5.1.4　新建数据类型

展开"PLC 数据类型",双击"添加新数据类型"选项,如图 5-4 所示。

在"用户数据类型"上右击,通过快捷命令"重命名"将"用户数据类型"重命名为"motor",如图 5-5 所示。

任务 5.1　任务实施

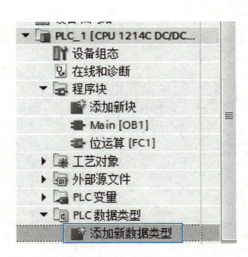

图 5-4　添加新数据类型

图 5-5　用户数据类型重命名

5.1.5　添加自定义变量

在界面右侧表格中,为 motor 类型添加自定义变量,变量表如图 5-6 所示。

5.1.6　新建 FB 函数块

1. 新建名为"motor_manage"的 FB 功能块

双击"添加新块"选项,选择"FB 函数块"。新建的 FB 功能块命名为"motor_manage"，新建输入变量并选择数据类型，如图 5-7 所示。

	名称	数据类型	默认值
	motor		
1	motor_type	String	""
2	motor_power	UInt	0
3	motor_no	UDInt	0
4	motor_dc_ac	Char	''
5	motor_volt	UInt	0
6	motor_current	Real	0.0
7	motor_rpm	Int	0
8	motor_ip	UInt	0
9	motor_hz	UInt	0
10	motor_date	Date	D#1990-01-01
11	▼ motor_date2	DTL	DTL#1970-01-01-
12	YEAR	UInt	1970
13	MONTH	USInt	1
14	DAY	USInt	1
15	WEEKDAY	USInt	5
16	HOUR	USInt	0
17	MINUTE	USInt	0
18	SECOND	USInt	0
19	NANOSECOND	UDInt	0
20	▼ motor_status	Struct	
21	motor_on_off	Bool	false
22	motor_rpm	Real	0.0
23	motor_current	Real	0.0

图 5-6 motor 类型变量表

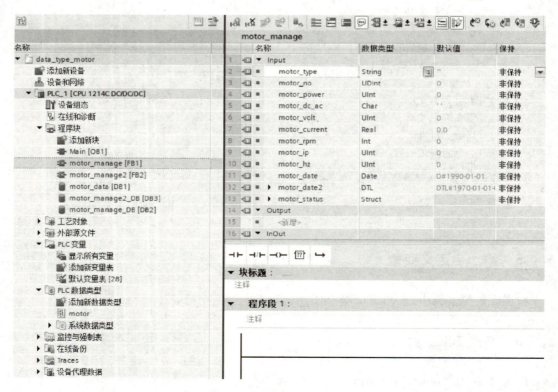

图 5-7 motor_manage 功能块的输入变量

2. 新建名为“motor_manage2”的 FB 功能块

双击“添加新块”选项，选择“FB 函数块”。新建的 FB 功能块命名为“motor_manage2”，新建输入变量并选择数据类型，如图 5-8 所示。

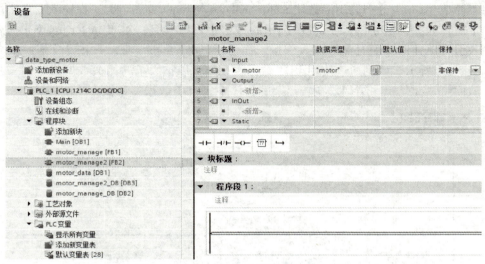

图 5-8 motor_manage2 功能块的输入变量

5.1.7 新建 DB 块

双击“添加新块”选项，选择“DB 数据块”。新建数据块类型为“全局 DB”，数据块命名为“motor_data”。在 DB 块中新建变量，并给变量赋初值，如图 5-9 所示。

motor_data

	名称	数据类型	起始值
1	Static		
2	motor1	"motor"	
3	motor_type	String	'wer'
4	motor_power	UInt	15000
5	motor_no	UDInt	1231
6	motor_dc_ac	Char	'A'
7	motor_volt	UInt	380
8	motor_current	Real	15.2
9	motor_rpm	Int	2800
10	motor_ip	UInt	54
11	motor_hz	UInt	50
12	motor_date	Date	D#2006-01-01
13	motor_date2	DTL	DTL#2006-01-01-14:12:12.69
14	motor_status	Struct	
15	motor2	"motor"	
16	motor_type	String	'werwe'
17	motor_power	UInt	1400
18	motor_no	UDInt	1234
19	motor_dc_ac	Char	'D'
20	motor_volt	UInt	220
21	motor_current	Real	20.1
22	motor_rpm	Int	1400
23	motor_ip	UInt	45
24	motor_hz	UInt	0
25	motor_date	Date	D#1990-01-01
26	motor_date2	DTL	DTL#1970-01-01-00:00:00
27	motor_status	Struct	
28	motor	Array[0..100] of "motor"	

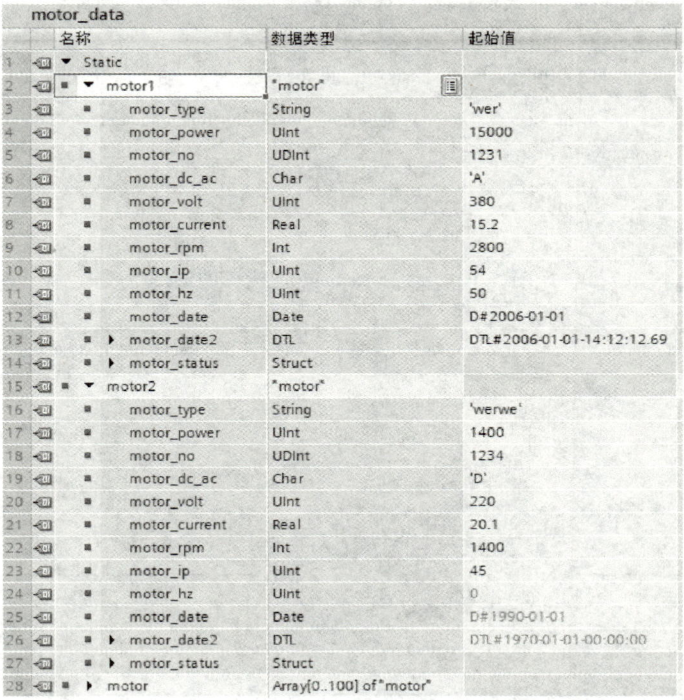

图 5-9 motor_data 全局数据块中的变量

5.1.8 在主函数中调用函数块

在主函数 Main 中分别调用函数块 motor_manage 与 motor_manage2。在输入变量中填写对应的变量值，如图 5-10 所示。从程序调用的过程中可以看到，对于 motor_manage，需要把每个输入引脚单独地分配对应的输入变量，而对于 motor_manage2，只需要分配一次变量即可，如图 5-11 所示。可见通过使用 UDT 数据类型，可以把大量的相关数据封装到一起进行传递，从而可以优化程序结构。在较复杂的程序中，UDT 数据类型被广泛使用。

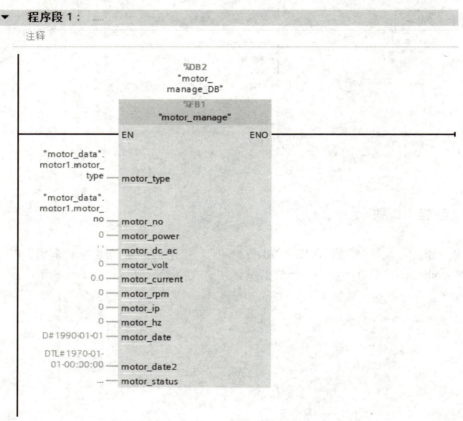

图 5-10 motor_manage 功能块的调用

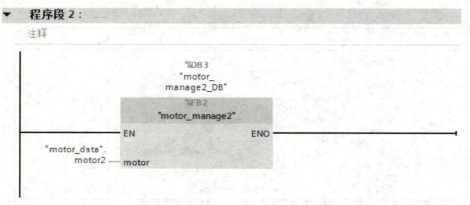

图 5-11 motor_manage2 功能块的调用

任务 5.2 将数值正确发送给 ABB 工业机器人——移动指令与字符串指令及其应用

 任务描述

在工业现场往往需要 PLC 发送数据给工业机器人。现需要 S7-1200 PLC 将视觉系统采集的坐标值经过纠正后发送给 ABB 工业机器人，要发送的数据存储在一串字符串中，需要从字符串中提取相应的数据，并发送给 ABB 工业机器人。字符串中 X 后面跟着的是 X 坐标的纠偏值，Y 后面跟着的是 Y 坐标的纠偏值，Z 后面跟着的是 Z 坐标的纠偏值。

任务 5.2 任务分析与指令学习

 任务分析

数据存储在 DB 块中，因此需要调用字符串处理指令提取相关的字符，并将字符转化为数据。转化后的数据不能直接发送给 ABB 工业机器人，因为 ABB 工业机器人存储数据的方式是小端模式，而 S7-1200 PLC 存储数据的方式是大端模式。在发送数据之前使用 SWAP 指令可以进行大小端模式的转换，这样 ABB 工业机器人就可以识别数据了。

知识学习

5.2.1 移动指令

博途软件提供了一系列移动操作指令，如图 5-12 所示，其中最常用的为 MOVE（移动值）指令。

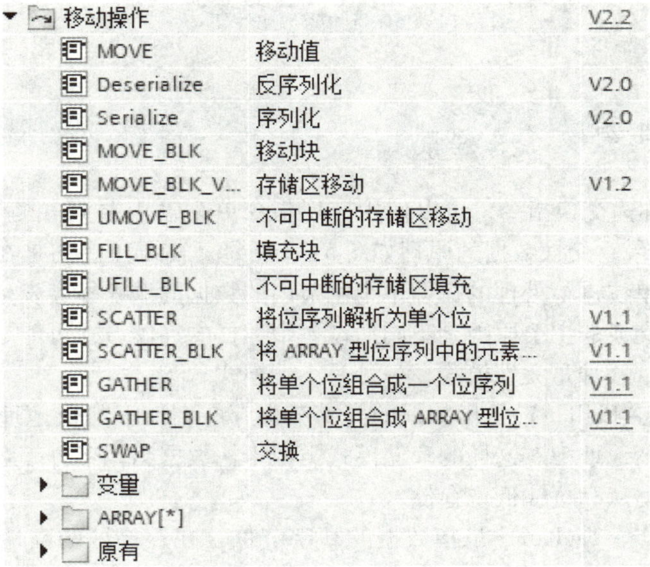

图 5-12 移动操作指令

MOVE 指令是用于将 IN 输入端的源数据传送（复制）给 OUT1 输出端的目的地址，并且转换为 OUT1 指定的数据类型，源数据保持不变。IN 和 OUT1 可以是除 Bool 之外的所有基本数据类型和 DTL、Struct、Array 等数据类型，IN 还可以是常数。

在使用 MOVE 指令时，需要特别注意的是目的地址的存储区大小必须要与输入端的数据长度相匹配。当把一个长度大于目的地址存储区大小的数据传送给目的地址时，MOVE 指令会把数据的低位存储，高位舍弃，具体存储的低位的位数取决于目的地址的大小。当数据被舍弃时，程序不会报错和提示。下面通过一个例子来说明。

将立即数 16#12345678 存储到 M 存储区，分别用一个字节，两个字节及 4 个字节的存储区来接收该数据，可以看出得到的结果是不一样的，如图 5-13 所示。

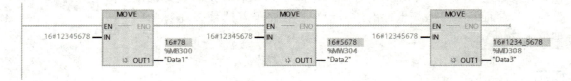

图 5-13　MOVE 指令测试程序（一）

在使用 M 存储区时，一定要注意存放数据的存储区地址不能产生重叠，如 MD102 和 MD104 的地址就产生了重叠。因为 MD102 占用了 MB102、MB103、MB104 和 MB105，MD104 占用了 MB104、MB105、MB106 和 MB107，所以 MB104 和 MB105 的值在操作 MD102 和 MD104 时都会被修改，进而使得 MD102 和 MD104 的数据出错。如图 5-14 所示，程序实际执行的结果是 MD102 为 16#12341234，MD104 为 16#12345678。

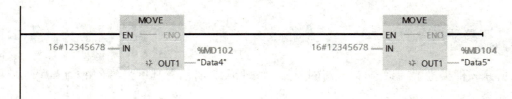

图 5-14　MOVE 指令测试程序（二）

5.2.2　SWAP 指令

SWAP 指令也称为交换指令，可以使用交换指令更改输入端 IN 中字节的顺序，并在输出端 OUT 中查询结果，交换数据的原理如图 5-15 所示。需要注意的是在交换的过程中，数据始终是以字节为单位进行处理的，即单个字节内的数据的顺序不会发生改变。

使用字节顺序交换的主要原因是不同的设备中数据的存储方式可能是不一样的，具体储存方式主要有两种，一种是大端模式，一种是小端模式。

大端模式（Big–Endian）是指数据的高字节保存在存储区的低地址中，而数据的低字节保存在存储区的高地址中。这样的存储模式类似于把数据当作字符串顺序地处理：地址由小到大增加，而数据从高位往低位存储。

小端模式（Little–Endian）是指数据的高字节保存在存储区的高地址中，而数据的低

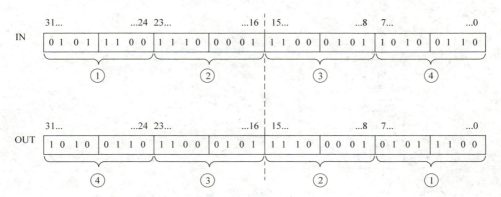

图 5-15　SWAP 指令交换原理

字节保存在存储区的低地址中。这种存储模式将地址的高低和数据位权有效结合起来，高地址部分权值高，低地址部分权值低。

如图 5-16 所示，数据 0X11223344，采用大端模式存储时，其数据的低位 0X44，存放于地址的高位；采用小端模式存储时，其数据的低位 0X44，存放于地址的低位。

SWAP 指令的格式如图 5-17 所示，需要注意的是输入端 IN 中的数据类型要和交换的数据类型相匹配。

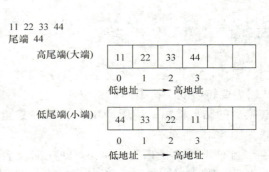

图 5-16　数据大小端存储模式

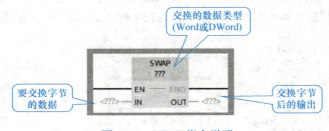

图 5-17　SWAP 指令说明

若对数据 16#ABCD 进行一次 SWAP 指令运算，需选择的交换数据类型为 Word，交换后的数据为 16#CDAB，交换后单个字节内的数据顺序并不会发生改变。

5.2.3　MID 指令

MID 指令的功能是提取 IN 端输入参数中字符串的一部分，使用 P 端参数指定要提取的第一个字符的位置，指令格式如图 5-18 所示。使用 L 端参数定义要提取的字符串的长度。OUT 端参数中输出提取的部分字符串，提取的字符串可以是 String 类型或者 WString 类型。

若输入的字符串为 "Hello World"，P 端的值为 2，L 端的值为 3，则提取出来的字符串为 "ell"。

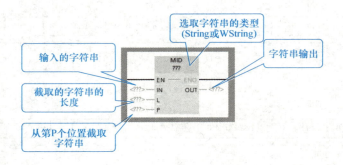

图 5-18 MID 指令格式

5.2.4 STRG_VAL 指令

STRG_VAL 指令的功能是将字符串转换为整数或浮点数。IN 端为要转换的字符串输入；P 端为要转换的字符串的起始位置，也就是要从字符串中的第几个字符开始转换；OUT 端为转换后的结果输出；使用 FORMAT 端参数指定解释字符串字符的方式。STRG_VAL 指令格式如图 5-19 所示。

当 FORMAT 的值为 W#16#0000 时，表示输入的是一个小数，小数点的表示方法为"."；当 FORMAT 的值为 W#16#0001 时，表示输入的是一个小数，小数点的表示方法为","；当 FORMAT 的值为 W#16#0002 时，表示输入的是一个指数，小数点的表示方法为"."；当 FORMAT 的值为 W#16#0003 时，表示输入的是一个指数，小数点的表示方法为","；当 FORMAT 的值为 W#16#0004 到 W#16#FFFF 时，表示输入的是无效值。

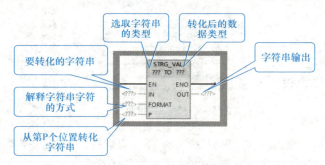

图 5-19 STRG_VAL 指令格式

转换后的数据类型可以是整型及实数类型，字符串类型可以是 String 类型或者 WString 类型，如图 5-20 所示。

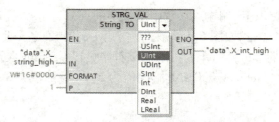

图 5-20 STRG_VAL 能转换的数据类型

**任务实施**

5.2.5 新建全局 DB 块

新建全局 DB 块 data，在 DB 块中新建变量，并给变量赋初值，如图 5-21 所示。

任务 5.2 任务实施

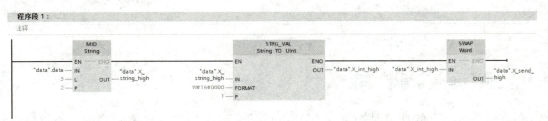

图 5-21 新建 data 数据块及块中内容

5.2.6 程序编写

在程序 Main 中分别调用 MID 指令、STRG_VAL 指令与 SWAP 指令，具体程序如图 5-22 所示。

图 5-22 数据处理程序

启动仿真调试，观察输出的内容。

任务 5.3　PLC 控制流水灯——比较指令与移位指令及其应用

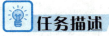**任务描述**

用 PLC 控制 8 个指示灯，要求在第 1s 亮第 1 个灯，第 2s 亮第 2 个灯，第 3s 亮第 3 个灯，依此类推，8s 后进行循环。

任务分析

1）可设置一个定时器，通过比较定时器的值进行灯的控制，到了设定的时间切换灯的状态值。

2）也可以通过对输出的数值进行每隔 1s 移位一次来实现流水灯的功能。

**知识学习**

比较操作主要有比较大小、判断值是否超范围以及检查是否具有有效性 3 种指令，如图 5-23 所示。

图 5-23　比较操作指令

5.3.1　比较指令

比较指令用来比较数据类型相同的两个数 IN1 和 IN2 的大小，相比较的两个数 IN1 和 IN2 分别在触点的上面和下面。可以通过双击中间的比较符号来更改是比较类型，如等于、不等于、大于或等于、小于或等于、大于以及小于等。可以通过双击中间的"???"来更改比较的数据类型，比较指令的运算符号及可比较的数据类型如图 5-24 所示。

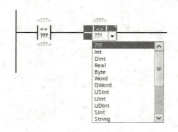

图 5-24　比较指令的运算符号及可比较的数据类型

任务 5.3　比较指令

5.3.2　值在范围内指令

值在范围内指令的功能是查询输入 VAL 的值是否在指定的取值范围内。通过输入端 MIN 和 MAX 的值可以指定取值范围的限值。值在范围内指令将输入端 VAL 的值与输入端 MIN 和 MAX 的值进行比较，并将结果发送到功能框输出中。如果输入端 VAL 的值满足 MIN≤VAL 且 VAL≤MAX 的比较条件，则功能框输出的信号状态为"1"。如果不满足比较条件，则功能框输出的信号状态为"0"。图 5-25 所示，5 处于 3 和 6 之间，因此输出为"1"，Q0.1 输出"1"。

图 5-25　值在范围内指令

5.3.3 检查有效性指令

检查有效性指令的功能是检查操作数的值是否为有效的浮点数。如果该指令输入的信号状态为"1",则在每个循环扫描周期内都进行检查。

查询时,如果操作数的值是有效浮点数且指令的信号状态为"1",则该指令输出的信号状态为"1"。在其他任何情况下,检查有效性指令输出的信号状态都为"0"。

可以同时使用检查有效性指令和 EN 机制。如果将该指令功能框连接到 EN 使能输入端,则仅在值的有效性查询结果为"1"时才置位使能输入。使用该功能,可确保仅在指定操作数的值为有效浮点数时才启用该指令。

下面通过一个例子来说明该指令的应用,如图 5-26 所示。程序中所有数据的数据类型均为实数,当操作数"data".data1 和"data".data2 的值进行相除时,因"data".data2 值为 0.0,因此得到的结果"data".data3 不是一个有效的浮点数。因此,只有当"data".data3 为有效浮点数时,才会执行"乘"指令。将操作数"data".data3 的值乘以操作数"data".data4 的值,乘积写入操作数"data".data5。

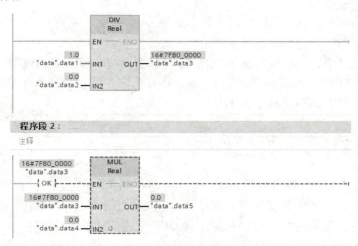

图 5-26 检查有效性指令的应用

5.3.4 右移指令

右移指令的功能是将输入端 IN 的操作数按位向右移位,并可在输出端 OUT 中查询结果。N 端参数用于指定移位的位数。

如果 N 端参数为 0,则将输入端 IN 的值复制到输出端 OUT 的操作数中。

如果 N 端参数大于位数,则输入端 IN 的操作数将向右移动该位数个位置。

如果指定值为无符号数时,用 0 填充操作数左侧区域空出的位。如果指定值为有符号数时,则用符号位的信号状态填充空出的位。

任务 5.3 移位指令

图 5-27 说明了如何将整型操作数向右移动 4 位。

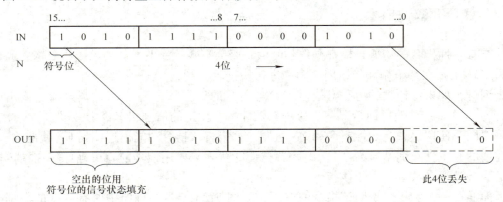

图 5-27　PLC 的右移操作指令

5.3.5　左移指令

可以使用左移指令将输入端 IN 的操作数按位向左移位，并可在输出端 OUT 中查询结果。N 端参数用于指定移位的位数。

如果 N 端参数为 0，则将输入端 IN 的值复制到输出端 OUT 的操作数中。

如果 N 端参数大于位数，则输入端 IN 的操作数将向左移动该位数个位置。

用 0 填充操作数右侧因移位空出的位。

5.3.6　循环移位指令

循环移位指令 ROL 和 ROR 将输入端 IN 指定的存储单元的整个内容逐位循环左移或循环右移若干位，即移出来的位又送回存储单元另一端空出来的位，原始的位不会丢失。N 端参数为移位的位数，移位的结果保存在输出端 OUT 指定的地址。

如果 N 端参数为 0，则不会移位，但是会将 IN 的输入值复制到 OUT 指定的地址中。

如果 N 端参数的值大于可用位数，则输入端 IN 的操作数仍会循环移动指定位数。

下面通过一个例子来说明循环右移指令的应用，如图 5-28 所示。

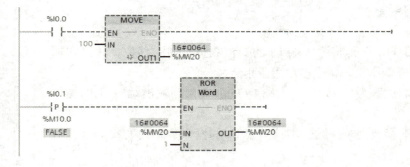

图 5-28　循环右移指令的应用

当使用移位指令时,使能信号一般为边沿信号触发,可保证每次触发只移位一次,若使能信号为电平信号,则会导致一直触发移位指令,导致移位后的数据不可控。在图 5-28 所示的程序中,可以通过 I0.0 的上升沿来触发循环移位指令,每触发一次,MW20 中的值循环右移一次。

5.3.7 I/O 地址分配

任务 5.3 任务分析与硬件接线

根据任务要求,设计 PLC 的变量,对应的 I/O 地址分配表见表 5-3。

表 5-3 I/O 地址分配表

元件	符号	地址	说明
按钮开关 1	start	I0.0	起动按钮
按钮开关 2	stop	I0.1	停止按钮
显示灯 1	led1	Q0.0	灯 1
显示灯 2	led2	Q0.1	灯 2
显示灯 3	led3	Q0.2	灯 3
显示灯 4	led4	Q0.3	灯 4
显示灯 5	led5	Q0.4	灯 5
显示灯 6	led6	Q0.5	灯 6
显示灯 7	led7	Q0.6	灯 7
显示灯 8	led8	Q0.7	灯 8

5.3.8 电路设计

根据任务要求,流水灯电路图如图 5-29 所示。

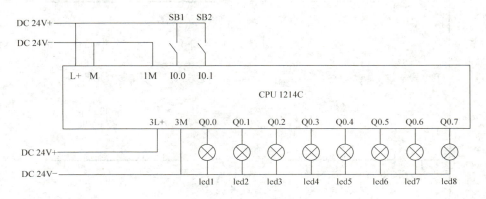

图 5-29 流水灯电路

5.3.9 程序编写

采用比较指令实现流水灯程序，如图 5-30 所示。

任务 5.3　采用比较指令实现

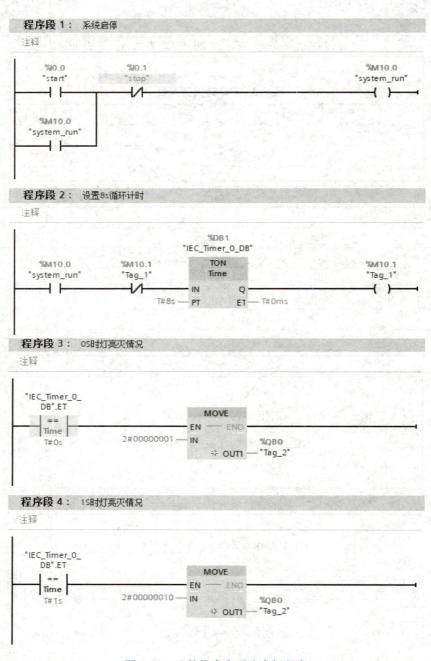

图 5-30　比较指令实现流水灯程序

后续程序依此类推,依次将 2s、3s、4s、5s、6s、7s 时灯的状态程序写出来,最后编写系统停止时的灯控制程序如图 5-31 所示。

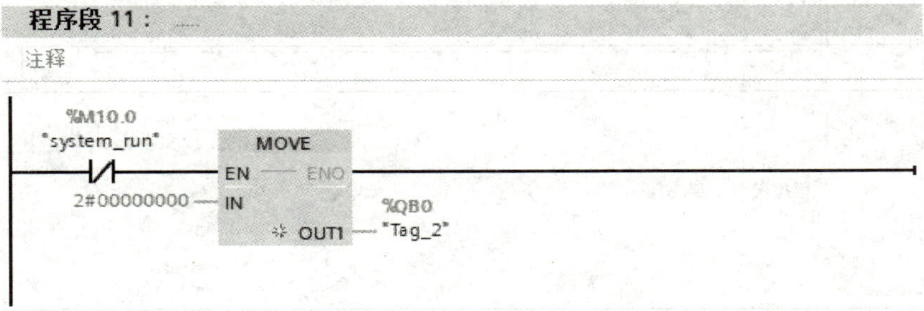

图 5-31 停止时的灯控制程序

程序段 4 以及后续程序可将判断时间的"等于"指令改为"大于或等于"和"小于"指令,如图 5-32 所示。

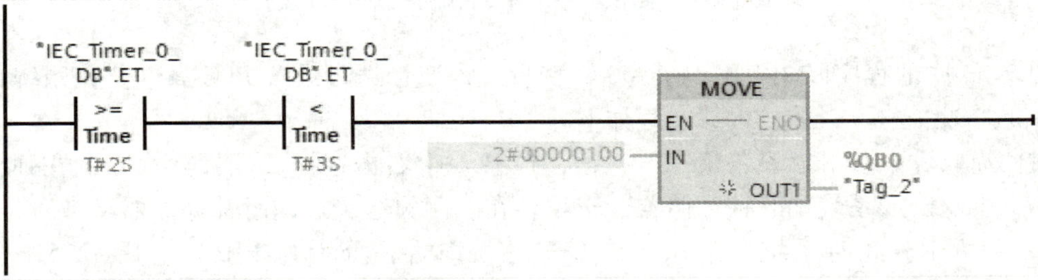

图 5-32 将判断时间的"等于"指令改为"大于或等于"和"小于"指令

采用移位指令实现流水灯程序,如图 5-33 所示。

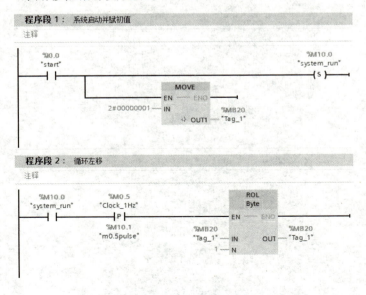

图 5-33 采用移位指令实现流水灯程序

任务 5.3 采用移位指令实现

程序段 3： 控制输出
注释

```
        MOVE
     EN ─── ENO
%MB20 ─ IN  ✹ OUT1 ─ %QB0
"Tag_1"              "Tag_2"
```

程序段 4： 系统停止
注释

```
%I0.1                                    %M10.0
"stop"                                  "system_run"
──┤├──────────────────────────────────────( R )──

              MOVE
            EN ─── ENO
2#00000000 ─ IN  ✹ OUT1 ─ %MB20
                          "Tag_1"
```

图 5-33　采用移位指令实现流水灯程序（续）

图 5-33 中的程序段 2 中用到了 M0.5 变量，该变量通过设置 PLC 属性，让系统自动生成 1Hz 的脉冲信号。具体的设置过程如下。

在博途软件中双击"设备组态"按钮，在 PLC 上右击选择"属性"命令。在弹出的属性选项卡中双击"系统和时钟存储器"选项，在右侧勾选"启用时钟存储器字节"复选框，如图 5-34 所示。此时系统会默认生成 8 个系统时钟，分别为 10Hz、5Hz、2.5Hz、2Hz、1.25Hz、1Hz、0.625Hz、0.5Hz，其地址默认为 M0.0 ~ M0.7，可以通过修改时钟存储器的地址来改变相应时钟的地址。注意，当设置了时钟存储器后，对应的 M 变量的地址不应作其他用途，同时需要重新下载一次设备组态，否则会不起作用。

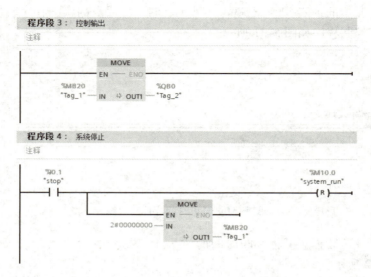

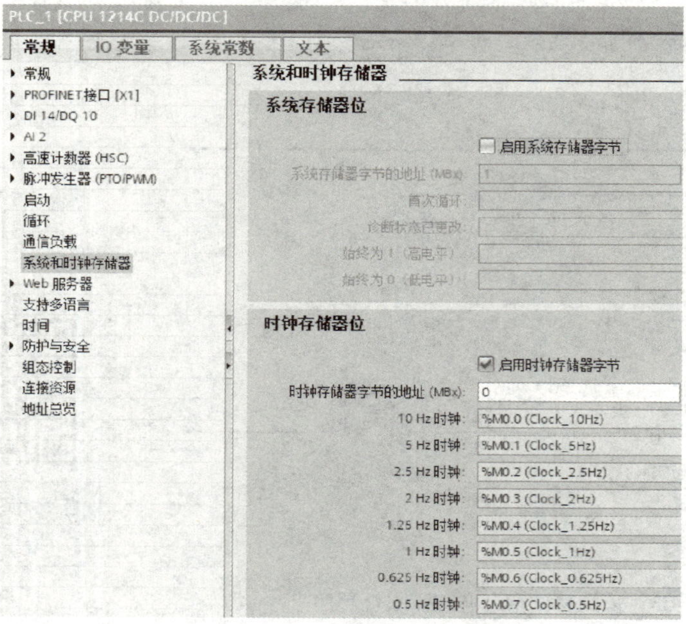

图 5-34　启用系统时钟存储器

任务5.4　生产线灌装计数系统——数学指令及其应用

  任务描述

在一条生产汽车发动机冷却液的生产线上，所生产的产品会按照6瓶一箱、12瓶一箱、24瓶一箱的规格打包装箱。打包完成的产品下线前会经过计数检测位置，在该位置有相应的传感器可以分辨出不同规格的包装箱并产生相应的计数脉冲。现要求通过PLC采集传感器信号来统计某一段时间内冷却液的产量。

任务分析

本任务是为了统计生产线上的冷却液生产量，每隔20s刷新一次，可以减少PLC的计算工作量。首先通过接通两个延时定时器来实现每隔20s产生一个上升沿脉冲，再通过设置3个计数器分别对不同包装的冷却液瓶数进行计数，最后通过四则运算计算出产量。具体方法是首先分别计算6瓶装、12瓶装、24瓶装冷却液的箱数，然后将3种规格的包装数量相加得到总产量。在计数时，计数器有可能溢出，加法运算的结果也有可能溢出，在实际生产中需根据具体情况进行相应的处理。

 **知识学习**

5.4.1　数学运算指令

博途软件提供了常用的数学函数指令，主要有四则运算指令及其他数学运算指令，如图5-35所示。

数学运算指令中的ADD、SUB、MUL、DIV分别是加、减、乘、除指令。它们执行的操作数的数据类型可以是SInt、Int、DInt、USInt、UInt、UDInt、Real和LReal，输入参数IN1和IN2可以是常数。IN1、IN2和OUT的数据类型应该相同。

任务5.4　运算指令1

加法指令的使用如图5-36所示。加法指令可以实现若干数据相加，可以单击输入参数（或称变量）IN2后面的符号 ✱ 进行增加输入参数的个数（方框指令中输入变量后面带有 ✱ 符号的都可以用来增加输入变量个数）。也可以右击ADD指令，选择快捷菜单中的"插入输入"命令，ADD指令将会增加一个输入变量。选中输入变量（如IN3）或输入变量前的"短横线"，这时"短横线"将变粗，若按下<Delete>键（或右击选择快捷菜单中的"删除命令"）则对已选中的输入变量进行删除。

可以指定加法指令的数据类型，若指定的数据类型与实际输入的数据类型不一致，PLC会自动进行数据类型的隐式转换，如图5-37所示。加法指令的数据类型为Int型，参与加法运算的4个输入数据的类型为Int型，输出总和OUT的数据类型为DInt型，PLC会将计算出来的结果自动转化为DInt型并赋值给"Data - Math".add - sum。进行隐式转换的数据会出现一个 ▨ 标记，将光标悬停在标记上，会出现相关的提示。在进行加法指令运算时，需要注意数据的超限问题。在图5-36中，因为相加的数据均为Int型，其数据范围为 -32768～

32767。当其中一个加数 IN1 特别大时，此时相加的数据结果大于 32767，已超过了 INT 型数值范围。此时，数据产生了溢出，其结果不正确，而且并不能通过将总和的数据类型从 Int 改为 DInt 来获得一个正确的结果。在实际使用时，必须特别注意数据的溢出问题，这类问题导致的错误隐蔽性强，不易排查。另外需要特别注意数据类型，以免数据类型自动转化时导致结果出错。

另一个需要特别注意的指令为除法指令，整数除法指令将得到的商截尾取整后输出给 OUT，即整数与整数相除得到的结果仍是整数。图 5-38 所示，7 除以 2 得到的结果是 3，参与运算的数据均为整数，小数部分被舍弃。

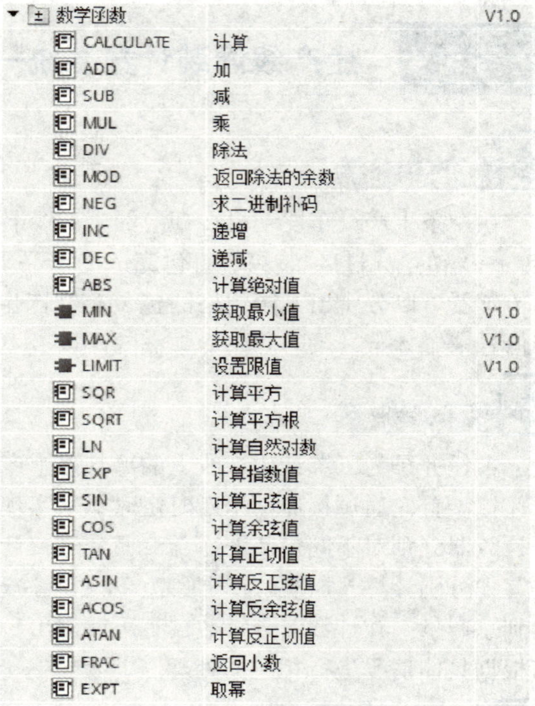

若将" number" .div_result 的数据类型改为实数，则会得到 3.0 的结果，其内部计算过程是先用 7 除以 2，得到结果 3，然后将整数 3 隐式转换为实数 3.0。若将除法指令的数据类型选为实数," number" .div_number1 为 Int 型（值为 7），" number" .div_number2 为 Int 型（值为 2），" number" .div_result 值为 Real 型，则会得到结果为 3.5。其内部运算是先把" number" .div_number1 的值转为 Real 型（值为 7.0），把" number" .div_number2 的值转为 Real 型（值为 2.0），实数运算得到的值为 3.5，然后将 3.5 赋值给" number" .div_result。若" number" .div_number1 为 Real 型," number" .div_number2 为 Real 型," number" .div_result 值为 Int 型，则得到结果会是 4。其内部运算过程是先算出 7.0

图 5-35　数学函数指令

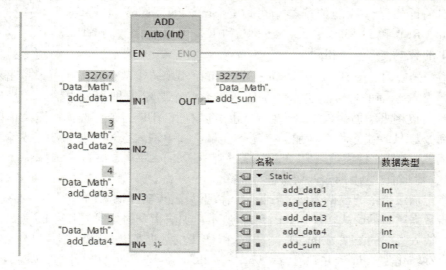

图 5-36　加法指令的使用

模块5 S7-1200 PLC的功能指令及应用

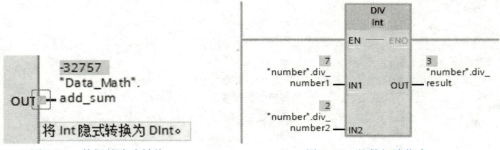

图5-37 数据的隐式转换　　　　图5-38 整数相除指令

除以2.0的值得到3.5，然后将3.5进行隐式转换赋值给"number". div_result，在转化的时候进行了四舍五入，因此得到结果4。除法指令的结果与输入的对应关系见表5-4，其运算遵循的原则是先把要参与运算的数据转化为要进行运算的数据类型，然后进行运算，再将运算得到的结果转化为想要的数据类型进行存储。

表5-4　除法指令的结果与输入的对应关系

除法类型	被除数	除数	结果
Int	7（Int）	2（Int）	3（Int）
Int	7（Int）	2（Int）	3.0（Real）
Real	7（Int）	2（Int）	3.5（Real）
Real	7.0（Real）	2.0（Real）	4（Int）

当进行的运算指令较多时，可以使用计算指令（CALCULATE）简化运算，CALCULATE的使用方法如图5-39所示。可以通过单击符号❋添加输入变量，通过双击OUT编辑运算公式，如OUT：= IN1 * IN2 + IN3 * IN1。具体的运算规则与数学运算规则相同，在此不再赘述。

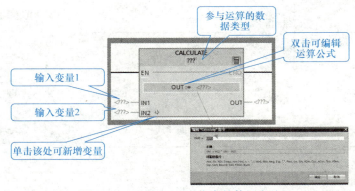

图5-39 CALCULATE指令的使用方法

5.4.2 转换指令

转换操作有转换值、取整、浮点数向上取整、浮点数向下取整、截尾取整、缩放、标准化等，如图5-40所示。在这里主要讲述转换值和取整指令，其他指令的使用方法类似，在此不再赘述。

图 5-40　转换操作指令

转换值指令的功能是将数据从一种数据类型转换为另一种数据类型。使用时单击指令的"???"位置，可以从下拉式列表框中选择输入数据类型和输出数据类型。图 5-41 所示，当 I0.2 接通时，将 MW0 中存储的 BCD 码转化为 Int 类型的值存储在 MW2 中。

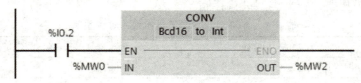

图 5-41　转换指令应用（一）

取整指令采取的是四舍五入法。FLOOR 方法是浮点数向下取整，取得不大于浮点数的最大整数，对于正数来说是舍弃小数点后面部分，对于负数来说，舍弃小数点后面部分后再减 1。CEIL 方法是浮点数向上取整，取得不小于浮点数的最小整数，对于正数来说是舍弃小数点后面部分并加 1，对于负数来说就是舍弃小数点后面部分。TRUNC 为直接截尾取整，即小数点后面的数全部去掉。指令的具体应用如图 5-42 所示。

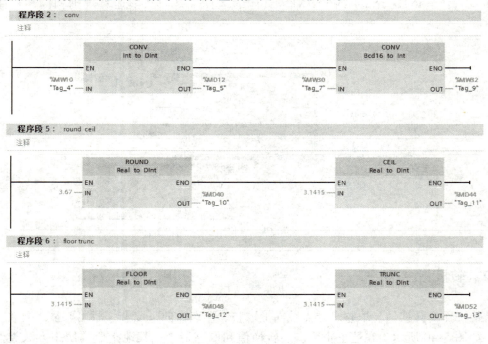

图 5-42　转换指令应用（二）

5.4.3 逻辑运算指令

逻辑运算指令包括与、或、异或、取反、解码、编码、选择、多路复用和多路分用等指令，如图 5-43 所示。

逻辑运算指令对两个（或多个）输入逐位进行逻辑运算。逻辑运算的结果存放在输出端 OUT 指定的地址中。

与（AND）运算时，两个（或多个）操作数的同一位如果均为"1"，运算结果的对应位为"1"，否则为"0"。

或（OR）运算时，两个（或多个）操作数的同一位如果均为"0"，运算结果的对应位为"0"，否则为"1"。

任务 5.4　运算指令 2

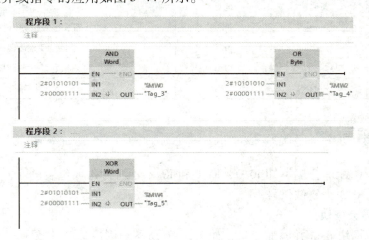

图 5-43　逻辑运算指令

异或（XOR）运算时，两个（若有多个输入，则两两运算）操作数的同一位如果不相同，运算结果的对应位为"1"，否则为"0"。

与、或、异或指令的操作数 IN1、IN2 和 OUT 的数据类型为十六进制的 Byte、Word 和 DWord。

取反（INV）指令将输入 IN 中的二进制数逐位取反，即原二进制数的各位由"0"变为"1"，由"1"变为"0"。运算结果存放在输出端 OUT 指定的地址中。

与、或以及异或指令的应用如图 5-44 所示。

图 5-44　与、或以及异或指令的应用

从程序结果可知，当用"0"与数据按位相与时，可以将数据全部清"0"；用"1"与数据按位相与时，数据不会发生变化。当用"0"与数据按位相或时，数据不会发生变化；用"1"与数据按位相或时，可以将数据全部置"1"。当用"0"与数据按位异或时，数据会保持不变；当用"1"与数据按位异或时，数据会被取反。因此，可以通过以上规律，对目标数据进行相应的处理，从而可以实现保留、清零、取反、置位某些位的功能。例如可以通过逻辑运算指令获取数值的高 8 位与低 8 位，如图 5-45 所示。

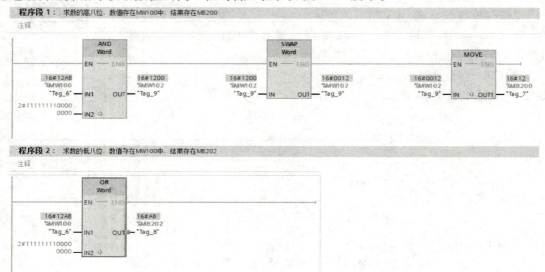

图 5-45　获取数值的高 8 位与低 8 位

5.4.4　I/O 地址分配

首先根据任务要求，设计 PLC 的变量，对应的 I/O 地址分配表见表 5-5。

表 5-5　I/O 地址分配表

元件	符号	地址	说　明
传感器	6_sensor	I0.0	6 瓶装包装检测传感器
传感器	12_sensor	I0.1	12 瓶装包装检测传感器
传感器	24_sensor	I0.2	24 瓶装包装检测传感器
按钮	reset	I0.3	复位按钮

5.4.5　程序编写

通过以上 I/O 地址分配可知 I0.0、I0.1 和 I0.2 分别为 3 种包装的计数脉冲输入，I0.3 为复位信号。

1. 新建全局数据块

新建全局数据块 data 并添加变量，如图 5-46 所示。因冷却液的数

任务 5.4　任务实施

量始终为正数，因此设置数据类型为 UDInt 类型。

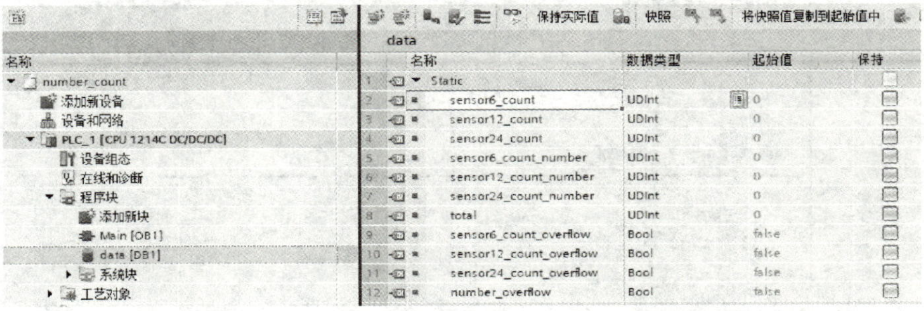

图 5-46 新建 data 数据块并添加变量

2. 编写定时器 20s 刷新程序

双击进入 Main 函数并编写程序，如图 5-47 所示。系统上电后，第一个定时器启动，10s 后定时器输出使 M0.0 为"1"，M0.0 接通使第二个定时器开始工作。10s 后第二个定时器输出，因此" IEC_Timer_0_DB_1".Q 为"1"，从而让第一个定时器重新启动。这样就形成了 M0.0 低电平和高电平各为 10s，从而每 20s 产生一次上升沿。

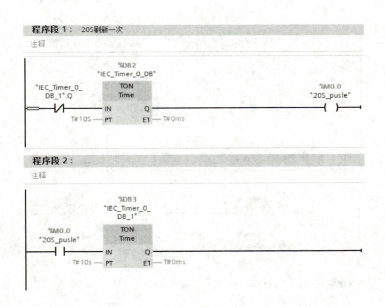

图 5-47 定时器 20s 周期程序

3. 编写计数程序及数据处理程序

在程序中，先用 3 个计数器统计出 6 瓶装、12 瓶装、24 瓶装冷却液的箱数。接着利用乘法指令分别计算出 6 瓶装冷却液的瓶数、12 瓶装冷却液的瓶数、24 瓶装冷却液的瓶数。最后用加法指令将 3 种瓶数相加，得到最终的冷却液瓶数，具体程序如图 5-48 所示。

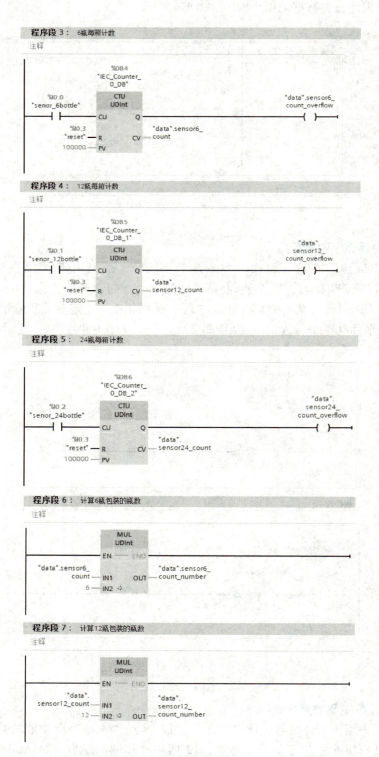

图 5-48 计数程序及数据处理程序

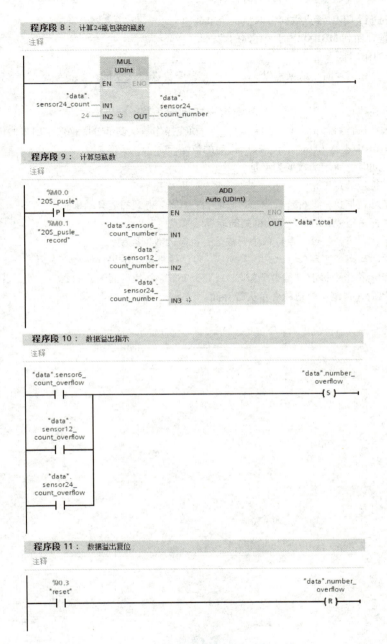

图 5-48　计数程序及数据处理程序（续）

习　题

1. S7-1200 PLC 支持的数据类型主要有基本数据类型、_____和其他数据类型。
2. Int 型数据的范围是_____。
3. 数组是将一组_____类型的数据组合在一起，形成一个单元。
4. String 最大可存储_____个字符。
5. ROUND 取整采取的方式是_____。
6. TRUNC 截尾取整 3.5，结果是_____。

7. 对 3.1415 进行 CEIL 浮点数向上取整，结果是_____。
8. 16#1234 被存储到 MB100 中时，存储的数据是_____。
9. MID 指令的作用是_____。
10. SWAP 指令在交换时，数据是以_____为单位进行交换的，字节内的数据顺序_____发生改变。
11. 左移指令在执行时，用_____填充操作数右侧部分因移位空出来的位。
12. 有符号数在执行右移指令时，用_____填充操作数左侧部分因移位空出来的位。
13. 对 2#01010101 进行 ROR 循环右移一次后的值是_____。
14. 当比较时间时，所用的数据类型是_____。
15. CMP < > 符号的意思是_____。
16. 数据类型都是整数，进行整数除法运算时，7 除以 3 得到的运算结果是_____。
17. 数据类型都是整数，8 对 3 求余得到的运算结果是_____。
18. 字节、字、双字、整数、浮点数中哪些是有符号的数据类型？
19. 使用数学运算指令实现 $(5+6*3-4)/(7-3)$，并将运算结果存储在 MW20 中。
20. 采用 MID 运算指令提取字符串 "X620315Y335789" 中 X 后面跟着的数字字符，并将提取出来的数字字符转化为整数后，自定义合适的变量进行存储。

模块6 S7-1200 PLC的程序结构

任务6.1 多台电动机的连续运行控制——函数（FC）的应用

任务描述

在汽车焊装、涂装等车间有很多输送设备，这些设备一般采用三相异步电动机驱动，对于其控制来讲主要是连续运行控制。在本次任务中要求采用 CPU 1214C 控制 3 台电动机的连续运行。

任务分析

对于单台电动机的连续运行控制在"任务 4.1"中已介绍。那么，对于 3 台电动机的控制最容易想到的方法就是在 Main 函数里面逐条编写程序，这对于 3 台电动机来讲是比较容易实现的。但如果要控制的是 100 台、1000 台电动机的时候就比较麻烦，这时候就可以采用 FC（函数）来实现。

知识学习

6.1.1 PLC 编程方法简介

PLC 的编程方法有 3 种：线性化编程、模块化编程和结构化编程，如图 6-1 所示。

1. 线性化编程

线性化编程就是将整个程序放在循环控制组织块 OB 中，CPU 循环扫描执行 OB 中的全部指令。其特点是结构简单，但由于所有指令都在一个块中，程序的某些部分可能不需要多次执行，而扫描时，重复扫描所有的指令会造成资源浪费、执行效率低等不良后果。因此，对于大型的程序要避免线性化编程。

任务 6.1 块的概念以及 FC 的应用

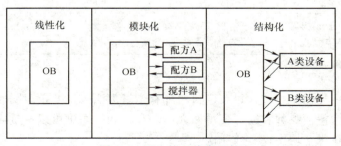

图 6-1 PLC 的 3 种编程方法

2. 模块化编程

模块化编程就是将程序根据不同功能分为不同的逻辑块，每个逻辑块完成不同的功能。在 OB 中可以根据条件调用不同的函数或者函数块。其特点是易于分工合作、调试方便。由于逻辑块属于有条件调用，所以提高了 CPU 的效率。

3. 结构化编程

结构化编程就是将执行过程要求中类似或者相关的任务归类，在函数或者函数块中编程，形成通用的解决方案。通过不同的参数调用相同的函数或者通过不同的背景数据块调用相同的函数块。一般而言，工程上使用 S7-1200 系列 PLC 时，通常采用结构化编程方法。

结构化编程具有如下一些优点。

1) 各单个任务块的创建和测试可以相互独立进行，能够被再利用。
2) 通过使用参数，可将块设计得十分灵活。
3) 块可以根据需要，在不同的地方以不同的参数进行调用。也就是说，这些块能够被再利用。
4) 在预先设计的库中，能够提供用于特殊任务的"可重用"块。

6.1.2 TIA 博途软件中块的基本概念

1. 块的简介

在操作系统中包含了用户程序和系统程序，操作系统已经固化在 CPU 中，它提供了 CPU 运行和调试的机制。CPU 的操作系统是按照事件驱动扫描用户程序的。用户程序在不同的块中，CPU 按照执行的条件成立与否执行相应的程序块或者访问相应的数据块。用户程序是为了完成特定的控制任务而由用户编写的。用户程序通常包括组织块（OB）、函数块（FB）、函数（FC）和数据块（DB）。用户程序中块的说明见表 6-1。

表 6-1 用户程序中块的说明

块的类型	属 性
组织块（OB）	① 用户程序接口 ② 优先级（0~27） ③ 在局部数据堆栈中指定开始信息
函数（FC）	① 参数可分配（必须在调用时分配参数） ② 没有存储空间（只有临时变量）
函数块（FB）	① 参数可分配（可以在调用时分配参数） ② 具有存储空间（静态变量）
数据块（DB）	① 结构化的局部数据存储（背景数据块 DB） ② 结构化的全局数据存储（在整个程序中有效）

2. 块的结构

块由变量声明表和程序组成。每个逻辑块都有变量声明表，变量声明表是用来说明块的局部数据。局部数据包括参数和局部变量两大类。在不同的块中可以重复声明和使用同一局部变量，因为它们在每个块中仅有效一次。

局部变量包括两种：静态变量和临时变量。

参数是在调用块与被调用块之间传递的数据，包括输入、输出和输入/输出变量。表 6-2 为局部数据声明类型。

表 6-2 局部数据声明类型

变量名称	变量类型	说明
输入	Input	为调用模块提供数据，输入给逻辑模块
输出	Output	从逻辑块输出数据结果
输入/输出	InOut	参数值既可以输入也可以输出
静态变量	Static	静态变量存储在背景数据块中，块调用结束后，变量被保留
临时变量	Temp	临时变量存储 L 堆栈中，块执行结束后，变量消失

6.1.3 函数简介

函数（FC）是用户编写的程序块，是不带存储器的代码块。由于没有可以存储参数值的存储器，因此，调用函数时必须给所有形参分配实参。

FC 里有一个局域变量表和块参数。局域变量表里有：Input（输入参数）、Output（输出参数）、InOut（输入/输出参数）、Temp（临时数据）、Return（返回值 RET_VAL）。Input 将数据传递到被调用的块中进行处理。Output 将结果传递到调用的块中。InOut 将数据传递到被调用的块中，在被调用的块中处理数据后，再将被调用的块中发送的结果存储在相同的变量中。Temp 是块的本地数据，并且在处理块时将其存储在本地数据堆栈中。关闭并完成处理后，临时数据就变得不再可访问了。Return 包含返回值 RET_VAL。

FC 类似于 C 语言中的子程序，用户可以将具有相同控制过程的程序编写在 FC 中，然后在主程序 Main [OB1] 中调用。

 任务实施

6.1.4 I/O 地址分配

对于一台电动机的连续运行控制来讲需要 2 个按钮和 1 个接触器，因此，需要 2 个输入点和 1 个输出点。而本次任务中总共有 3 台电动机的控制需求，所以总共需要 6 个输入点和 3 个输出点。I/O 地址分配见表 6-3。

任务 6.1 任务实施

表 6-3 I/O 地址分配表

元件	符号	地址	说明
按钮开关	SB1_M1_Start	I0.0	电动机 M1 的起动按钮
按钮开关	SB2_M1_Stop	I0.1	电动机 M1 的停止按钮
按钮开关	SB1_M2_Start	I0.2	电动机 M2 的起动按钮
按钮开关	SB2_M2_Stop	I0.3	电动机 M2 的停止按钮
按钮开关	SB1_M3_Start	I0.4	电动机 M3 的起动按钮

(续)

元件	符号	地址	说　明
按钮开关	SB2_M3_Stop	I0.5	电动机 M3 的停止按钮
接触器	M1_Run	Q0.0	电动机 M1 运行的接触器
接触器	M2_Run	Q0.1	电动机 M2 运行的接触器
接触器	M3_Run	Q0.2	电动机 M3 运行的接触器

6.1.5　电路设计

电路的设计就是按钮与输入端口的连接，接触器线圈与输出端口的连接，具体电路图如图 6-2 所示。

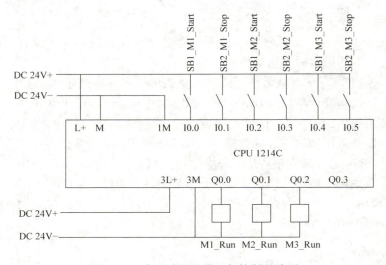

图 6-2　3 台电动机连续运行控制电路图

6.1.6　程序编写

FC 的使用方式可以分为不带形参和带形参两种方式。不带形参的使用方式其实就是模块化编程的思想，将一些功能相关的程序打包放到一个 FC 中，然后在 Main 中调用；而带形参的使用方式是结构化编程的思想，通过函数调用以及函数的传递能够尽可能地减小编程工作量以及提高程序执行效率。

1. 采用不带形参的 FC 实现

具体步骤如下。

1）新建 FC1 并命名为"Motor_Control_1"，如图 6-3 所示。

2）在 FC1 中分别编写 3 台电动机的控制程序，如图 6-4 所示。这里只展示了电动机 1（M1）的控制程序，电动机 2 和电动机 3 的类似，这里不再赘述。

3）在 OB1 中调用 FC1，如图 6-5 所示。

模块6 S7-1200 PLC的程序结构

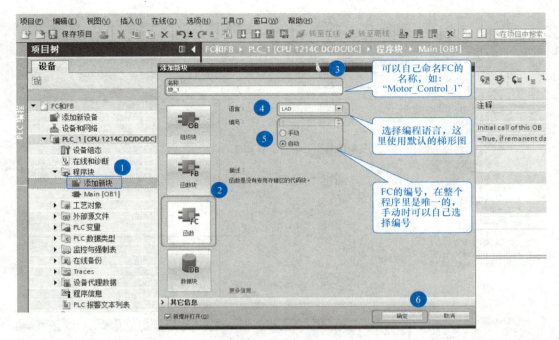

图6-3 新建FC1

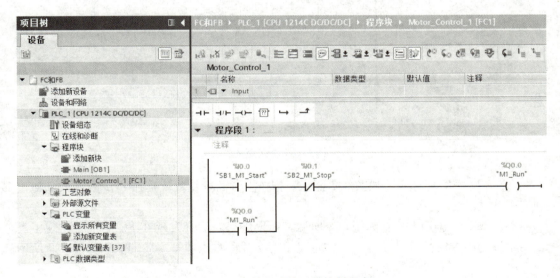

图6-4 电动机连续运行控制程序

2. 采用带形参的 FC 实现

具体步骤如下。

1）新建 FC2 并命名为"Motor_Control_2",方法同上,不再赘述。

2）在 FC2 的输入和输出参数列表中输入相关参数,如图6-6所示。这个过程也称为建立变量。在这里只用到了输入参数和输出参数,在 FC 中还有既可以输入又可以输出的参数,还有临时变量,在本次任务中没有用到。但是对于临时变量在使用的时候一定要遵循"先赋值后使用"的原则,否则可能会出错。

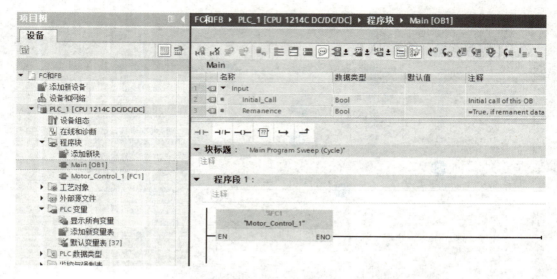

图 6-5 在 Main 中调用 FC1

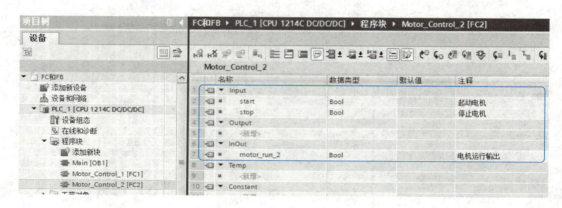

图 6-6 建立变量

3）在 FC2 中编写程序，如图 6-7 所示。指令上方的操作数就是在 FC2 的输入和输出参数列表中建立的变量。

4）在 Main 中调用 FC2，如图 6-8 所示。拖曳进来之后会发现在 FC 的左右出现了类似于之前学过的指令的操作数填写框，在这里填写实际参数，填写之后的效果如图 6-9 所示。

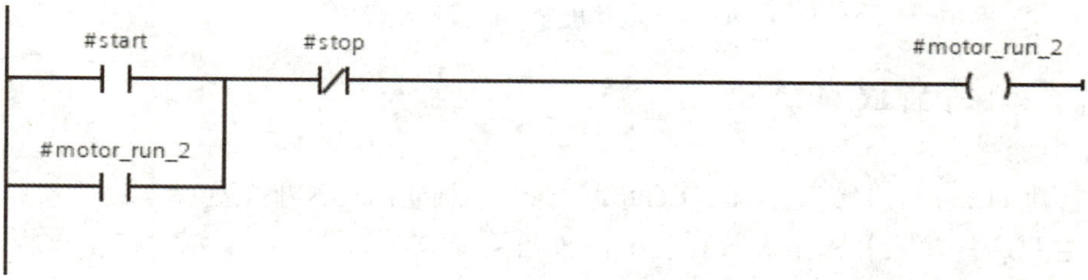

图 6-7 电动机连续运行控制程序

模块6 S7-1200 PLC的程序结构

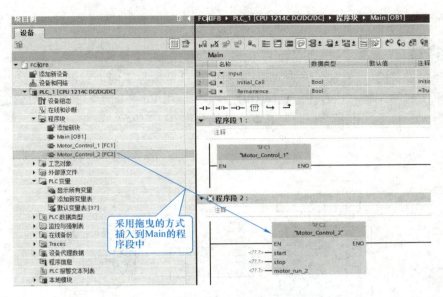

图 6-8　在 Main 中调用 FC2

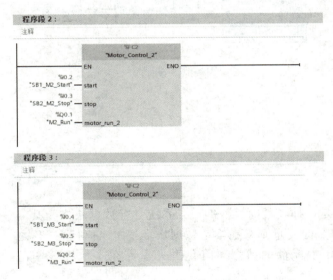

图 6-9　给 Main 中调用的 FC2 赋予实参

任务 6.2　多台电动机的星形—三角形减压起动——函数块（FB）的应用

在涂装车间，对温度有一定的要求。现有两台空调的两台压缩机（以下简称为设备）由两台电动机驱动，两台电动机均要实现星形—三角形减压起动。设备 1 星形转换到三角形的时间为 5s，设备 2 星形转到三角形的时间为 10s，要求采用西门子 S7-1200 系列 PLC 实

现上述功能。

 任务分析

因为每台设备的电动机起动过程都是相同的，只是参数不同，所以可以设计一个 FB 来实现电动机的起动控制。然后在主程序 OB1 中多次调用 FB 并赋予不同的参数就能实现对电动机的星形—三角形减压起动控制，其程序结构如图 6-10 所示。

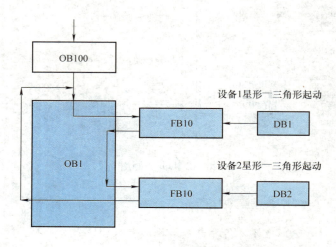

图 6-10 程序结构

 知识学习

6.2.1 函数块

函数块（FB）是一种"带内存"的块，系统分配数据块作为其内存（背景数据块）。临时变量则存在本地数据块堆栈中。执行完 FB 之后，不会丢失在 DB 中保存的数据，但会丢失保存在本地堆栈中的数据。

FB、FC 均相当于子程序，既可以调用其他 FB、FC，也可以被 OB、FB、FC 调用。FB 在 OB 中可以多次调用，FB 的所有形参和静态数据都存储在一个单独的、被指定给该功能块的数据块 DB 中。当调用 FB 时，该背景数据块自动打开，实际参数的值被存储在背景数据块中；当块退出时，背景数据块中的数据仍然保持。在 FB 中也有临时变量，它的使用方法和 FC 中的一样，但是一定要注意，在执行完 FB 后，临时变量会丢失，如图 6-11 所示，DB1 为背景数据块，DB2 为全局数据块。

任务 6.2　函数块 FB

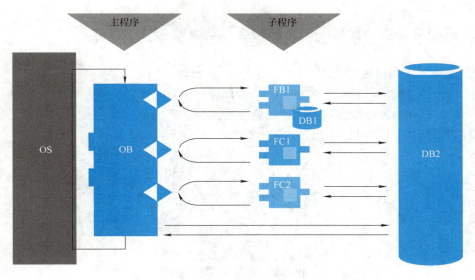

图 6-11　OB、FB、FC 之间的调用关系

6.2.2　多重背景简介

当程序中有多个函数块时，每个函数块对应一个背景数据块，程序中需要较多的背景数据块，这样在项目中就出现了大量的背景数据块"碎片"，影响程序的执行效率。使用多重背景，可以让若干个函数块共用一个背景数据块，这样可以减少数据块的个数，提高程序的执行效率。一个多重背景结构的应用实例如图 6-12 所示。FB1 和 FB2 共用一个背景数据块 DB10，但增加了一个函数块 FB100 来调用作为"局部背景"的 FB1 和 FB2。而 FB1 和 FB2 的背景数据都存放在 FB100 的背景数据块 DB10 中。如不使用多重背景，则需要 2 个背景数据块，使用多重背景后，就只需要一个背景数据块了。

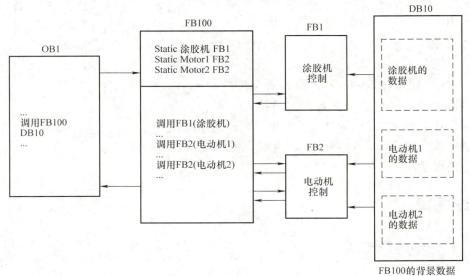

图 6-12　多重背景结构的应用实例

6.2.3 三相电动机的星形—三角形减压起动原理

1. 三相电动机的接线方式

普通三相异步电动机共有三相绕组，一般标识为"U1-U2""V1-V2""W1-W2"，三相异步电动机有两种接线方式，一种是星形接法（也称为Y形接法），为一种是三角形接法（也称为△形接法），具体接线方式如图6-13所示。

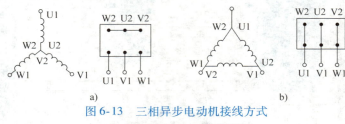

图6-13 三相异步电动机接线方式
a) 星形接法　b) 三角形接法

这两种接法各有优缺点，对于三角形接法来说，优点是有助于提高电动机功率；缺点是起动电流大，绕组承受电压（380V）大，增大了绝缘等级；对于星形接法来说，优点是有助于降低绕组承受电压（220V），降低绝缘等级，降低了起动电流，缺点是电动机功率减小。所以，电动机功率4kW以下的大部分采用星形接法，功率大于4kW的采用三角形接法。

在我国一般4kW以下小功率电动机都规定采用星形接法，4kW以上大功率电动机都规定采用三角形接法。当大功率电动机轻载起动时，可采用星形—三角形减压起动（起动时采用星形，运行时换采用三角形），好处是起动电流可以降低到原来的1/3。

2. 星形—三角形（Y—△）减压起动电路

正常运行时，定子绕组接成三角形的三相异步电动机，可采用Y—△减压起动。起动时先将定子绕组接成星形，使得每相绕组电压为正常运行时相电压的$1/\sqrt{3}$，起动完成后再恢复成三角形接法，电动机便进入全压下正常运行。主电路图如图6-14所示，只要合理控制KM1、KM2、KM3的接通便可完成其控制。具体来讲就是在起动的时候先让KM1和KM3导通，此时电动机就是星形接法，经过一段时间后将KM3断开，将KM2导通，此时就转换为三角形接法。

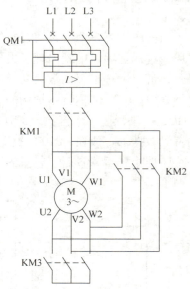

图6-14 三相异步电动机星形—三角形（Y—△）起动电路

任务实施

6.2.4 I/O地址分配

本次任务本质上是对两台电动机的连续运行控制，因此，需要4个按钮，也就需要4个输入点。每台电动机实现星形—三角形减压起动需要用 3 个接触器，因此，两台电动机需要 6 个接触器，也就需要 6 个输出点，I/O 地址分配表见表 6-4。

表 6-4 I/O 地址分配分配表

元件	符号	地址	说明
按钮开关	SB1_M1_Start	I0.0	电动机 M1 的起动按钮
按钮开关	SB2_M1_Stop	I0.1	电动机 M1 的停止按钮
按钮开关	SB1_M2_Start	I0.2	电动机 M2 的起动按钮
按钮开关	SB2_M2_Stop	I0.3	电动机 M2 的停止按钮
接触器	KM1_M1	Q0.0	电动机 M1 主接触器
接触器	KM2_M1	Q0.1	电动机 M1 三角形接接触器
接触器	KM3_M1	Q0.2	电动机 M1 星形接接触器
接触器	KM1_M2	Q0.3	电动机 M2 主接触器
接触器	KM2_M2	Q0.4	电动机 M2 三角形接接触器
接触器	KM3_M2	Q0.5	电动机 M2 星形接接触器

6.2.5 电路设计

主电路的连接参考图 6-13，控制电路亦是控制按钮与 PLC 的输入端口连接，接触器的线圈与 PLC 的输出端口连接，具体电路如图 6-15 所示。

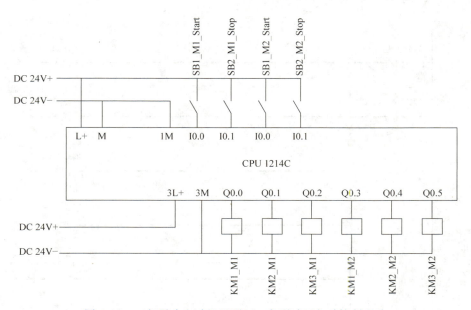

图 6-15 三相异步电动机星形—三角形减压起动控制电路

6.2.6 程序编写

1. 采用 FB 实现电动机星形—三角形减压起动

（1）初始化程序

OB100 是初始化组织块，这里面的程序只有在 PLC 上电时执行一次，进行一些参数的初始化后，就不再执行了。添加 OB100 的方法如图 6-16 所示，OB100 中的初始化程序如图 6-17所示。

任务 6.2　采用 FB 实现

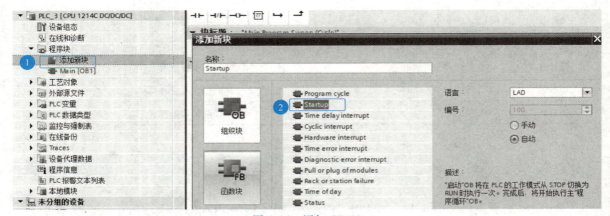

图 6-16　添加 OB100

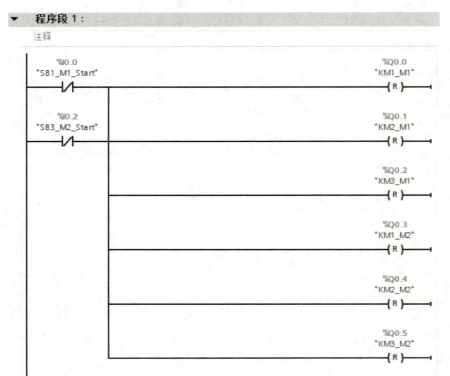

图 6-17　初始化程序

（2）FB 程序

新建一个 FB（如新建 FB10），首先进行变量申明，然后进行程序编写。

1）编辑 FB10 的变量申明表。在 FB 的 Input 定义了 3 个参数，分别是控制电动机起动 Motor_Start（Bool 型）、停止 Motor_Stop（Bool 型）以及星形接法的运行时间变量 Start_Time（Time 型）。在 FB 的 Output 定义 3 个参数，分别是 3 个接触器的控制输出：Main_Out（Bool 型）、Star_Out（Bool 型）、Delta_Out（Bool 型）。因为两台设备的星形—三角形转换的过程中都要用到定时器，而且它们是独立工作的，因此需要在静态变量中定义定时器变量 Timer_FB（IEC_TIMER 型）。这样在 FB 每次被调用时，都会有独立的 DB 块存放单独的定时器数据用于定时，如图 6-18 所示。

	名称	数据类型	默认值	保持	可从 HMI/...	从 H...	在 HMI ...	设定值	注释
1	▼ Input								
2	Motor_Start	Bool	false	非保持	✓	✓	✓		起动
3	Motor_Stop	Bool	false	非保持	✓	✓	✓		停止
4	Start_Time	Time	T#0ms	非保持	✓	✓	✓		起动时间
5	<新增>								
6	▼ Output								
7	Main_Out	Bool	false	非保持	✓	✓	✓		主接
8	Star_Out	Bool	false	非保持	✓	✓	✓		星接
9	Delta_Out	Bool	false	非保持	✓	✓	✓		三接
10	<新增>								
11	▼ InOut								
12	<新增>								
13	▼ Static								
14	▸ Timer_FB	IEC_TIMER		非保持	✓	✓	✓		
15	<新增>								
16	▼ Temp								
17	<新增>								
18	▼ Constant								
19	<新增>								

图 6-18 FB10 变量声明

2）编写程序。程序相对来说较为简单，如图 6-19 所示。这里需要注意的是，定时器的

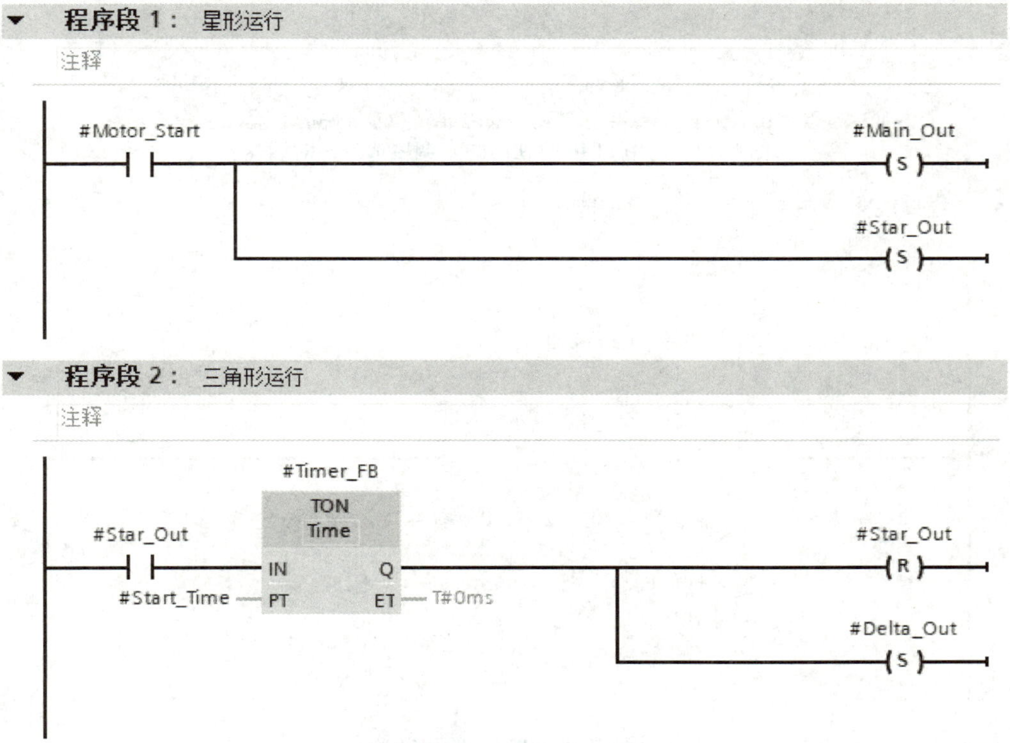

图 6-19 FB10 程序

背景数据块不能用实参,而是要用形参(如#Timer_FB),同样定时时间也需要用形参(如#Start_Time)。

(3) 在 Main 中调用 FB 程序

以上编写的 FB10 为一个通用程序,以后不管有多少台电动机的星形—三角形起动,都可以调用该函数块。调用的方法依然是将 FB10 拖曳至 OB1 中,这时会弹出"调用选项"对话框,如图 6-20 所示。该对话框用于创建背景数据块的信息,直接单击"确认"按钮就会按照默认的方式自动生成本次调用的背景数据块。当然也可以事先创建好背景数据块,以便在调用的时候选择。在 OB1 中调入 FB10 后,在其引脚上分别输入实参,就能完成对应电动机的控制,如图 6-21 所示。

图 6-20 调用 FB10 时弹出的"调用选项"对话框

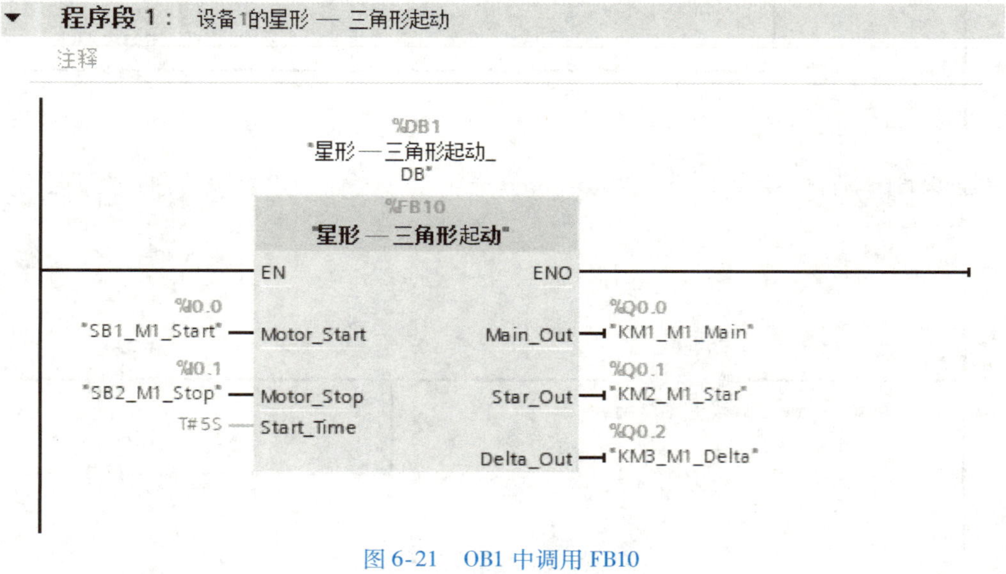

图 6-21 OB1 中调用 FB10

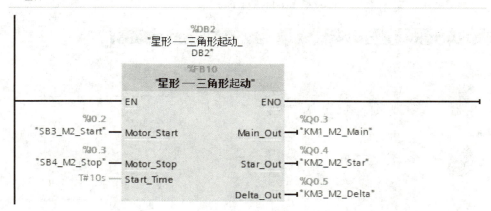

图 6-21 OB1 中调用 FB10（续）

2. 采用多重背景实现星形—三角形减压起动

根据图 6-12 提供的思路，在本次任务中，需要再创建一个 FB。例如创建 FB20，然后在 FB20 的变量声明区的 Static 中定义两个变量，分别是 Motor1 和 Motor2。这里特别要注意的是，这两个变量的数据类型是以 FB10 的名称命名的数据类型。当创建了 FB10 后，就会在这里出现以 FB10 命名的变量类型，打开其中一个可以看到在它下面带了很多变量，这些其实就是在 FB10 中定义的变量，如图 6-22 所示。

任务 6.2 采用多重背景的 FB 实现

	名称	数据类型	默认值	保持	可从 HMI…	从 H…	在 HMI…	设定值	注释
1	▼ Input								
2	<新增>								
3	▼ Output								
4	<新增>								
5	InOut								
6	<新增>								
7	▼ Static								
8	▶ Motor1	"星形—三角形起动"			✓	✓	✓		
9	▼ motor2	"星形—三角形起动"			✓	✓	✓	✓	
10	▼ Input								
11	Motor_Start	Bool	false	非保持	✓	✓	✓		起动
12	Motor_Stop	Bool	false	非保持	✓	✓	✓		停止
13	Start_Time	Time	T#0ms	非保持	✓	✓	✓		起动时间
14	▼ Output								
15	Main_Out	Bool	false	非保持	✓	✓	✓		主接
16	Star_Out	Bool	false	非保持	✓	✓	✓		星接
17	Delta_Out	Bool	false	非保持	✓	✓	✓		三接
18	InOut								
19	▼ Static								
20	▶ Timer_FB	IEC_TIMER		非保持	✓	✓	✓		
21	<新增>								
22	▼ Temp								
23	<新增>								
24	▼ Constant								
25	<新增>								

图 6-22 在 FB20 中定义"星形三角形起动"变量

然后在 FB20 中调用 FB10，这时就会出现图 6-23 所示的对话框。在对话框中选择多重背景即"多重实例"，并在右侧选择要控制的电动机的变量，然后单击"确认"按钮即可完成调用，在 FB20 中调用 FB10 的效果如图 6-24 所示。

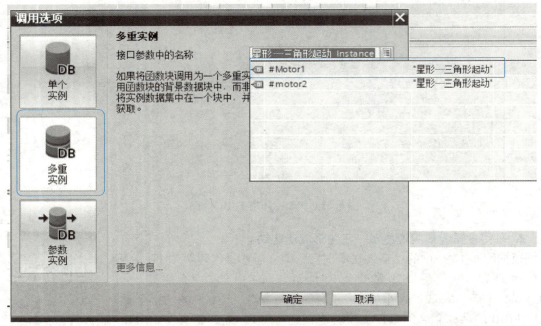

图 6-23 选用多重背景

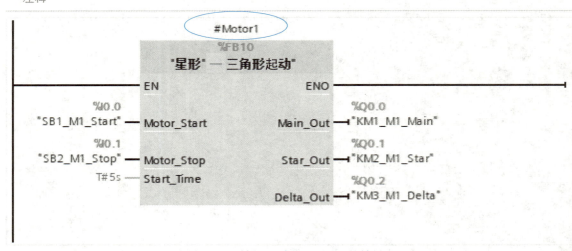

图 6-24 在 FB20 中调用 FB10 的效果

用同样的方法再调用一次，用于控制设备 2 的电动机。紧接着再创建一个为 FB20 服务的 DB——DB20，如图 6-25 所示。当然也可以不在这里创建，而在调用 FB20 的时候采用系统的默认方式创建。

在 OB1 中调用 FB20，如图 6-26 所示。

模块6　S7-1200 PLC的程序结构

图 6-25　为 FB20 创建背景数据块

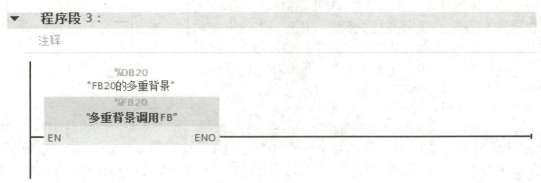

图 6-26　在 OB1 中调用 FB20

任务 6.3　设备恒温的 PLC 控制——组织块及其应用

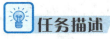

在工厂有一台设备需要实现温度控制，当对其进行加热时，温度每分钟上升 0.1℃；当不进行加热时，温度每分钟下降 0.05℃。现要求将其温度控制在 85℃ 左右，采用 S7-1200

系列 PLC 实现。

上述任务的温度控制是与时间相关的，所以可以采用循环中断组织块实现。为了避免加热设备频繁启停，可以设置当达到温度设定值时，加热设备延时加热一段时间再停止；当温度降低到设定值，加热设备延时一段时间再开启。

组织块（OB）是操作系统与用户程序之间的接口。组织块由操作系统调用，控制循环中断驱动程序的执行、PLC 启动特性和错误处理等。可以对组织块进行编程来确定 CPU 特性。

6.3.1　PLC 的中断

中断在计算机技术中应用较为广泛。中断功能是用中断程序及时地处理中断事件，中断事件与用户程序的执行时序无关，有的中断事件不能事先预测何时发生。中断程序不是由用户程序调用的，而是在中断事件发生时由操作系统调用的。中断程序由用户编写。中断程序应该尽量优化，在执行完某项特定任务后应返回被中断的程序。中断程序应尽量短小，以减小中断程序的执行时间，进而减少对其他处理的延迟，否则可能引起主程序控制设备的操作异常。设计中断程序时，应遵循"越短越好"的原则。

1. 中断过程

中断处理用来实现对特殊内部事件或外部事件的快速响应。CPU 检测到中断请求时，立即响应中断，调用中断源对应的中断程序，即组织块（OB）。执行完中断程序后，返回到被中断的程序处继续执行原来的程序。例如在执行主程序 OB1 时，时间中断块 OB10 可以中断主程序块 OB1 正在执行的程序，转而执行中断程序块 OB10 中的程序；当中断程序块中的程序执行完成后，再转到主程序块 OB1 中，从断点处继续执行主程序，如图 6-27 所示。

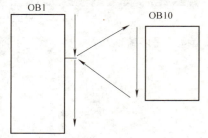

图 6-27　中断处理过程

事件源就是能向 PLC 发出中断请求的中断事件，例如日期时间中断、延时中断、循环中断和编程错误引起的中断等。事件源的处理先后顺序一般按照优先级的高低来处理，也就是先处理优先级高的事件，优先级相同的事件按照"先来先服务"的原则处理。

2. OB 的优先级

执行一个组织块（OB）的调用时可以中断另一个 OB 的执行。一个 OB 是否允许另一个 OB 中断取决于其优先级。S7-1200 系列 PLC 支持的优先级共有 26 个，1 级最低，26 级最高。高优先级的 OB 可以中断低优先级的 OB。例如 OB10 的优先级是 2，而 OB1 的优先级是 1，所以 OB10 可以中断 OB1。能够启动 OB 的事件见表 6-5。

模块6 S7-1200 PLC的程序结构

表6-5 能够启动 OB 的事件源

事件类别	OB 编号	OB 数目	启动事件	OB 优先级	优先级组
程序循环	1 或≥123	≥1	启动或结束上一个循环 OB	1	1
启动	100 或≥123	≥0	STOP 到 RUN 的转换	1	2
延时中断	20～23 或≥123	≥0	延时时间到	3	2
循环中断	30～38 或≥123	≥0	固定的循环时间到	4	2
硬件中断	≤50	≤50	上升沿≤16 个，下降沿≤16 个	5	2
			HSC：计数值 = 参考值（最多 6 次）		2
			HSC：计数方向变化（最多 6 次）	6	2
			HSC：外部复位（最多 6 次）		2
诊断错误中断	82	0 或 1	模块检测到错误	9	2
时间错误中断	80	0 或 1	超过最大循环时间，调用的 OB 正在执行，队列溢出，因中断负载过高而丢失中断	26	3

6.3.2 程序循环组织块

需要连续执行的程序放在程序循环组织块 OB1 中，因此 OB1 也常常被称为主程序（Main）。CPU 在 RUN 模式下循环执行 OB1，可以在 OB1 中调用 FB 和 FC。一般用户程序都写在 OB1 中。

如果用户程序生成了其他程序循环组织块 OB，CPU 按照 OB 的编号顺序执行它们。首先执行主程序 OB1，然后执行编号大于或等于 123 的循环程序 OB。一般只需要一个循环程序组织块，新建循环组织块的步骤如图 6-28 所示。

任务6.3 起动和循环组织块

图 6-28 新建循环组织块

6.3.3　启动组织块

接通 CPU 电源后，S7-1200 系列 PLC 在开始执行用户程序循环组织块之前，首先执行启动组织块。通过在启动组织块中编写程序来实现一些初始化的工作，如给某些变量赋值等。允许生成多个启动 OB，默认的是 OB100，其他启动 OB 的编号应大于或等于 123，一般只需要一个启动 OB，或不使用启动 OB。

S7-1200 系列 PLC 支持 3 种启动模式：不重新启动模式、暖启动—RUN 模式、暖启动—断电前的操作模式。在博途软件中可以设置 PLC 的启动模式，如图 6-29 所示。不管选择哪种启动模式，已编写的所有启动 OB 都会执行，并且 CPU 是按 OB 的编号顺序执行的。首先执行启动组织块 OB100，然后执行编号大于或等于 123 的启动组织块 OB。

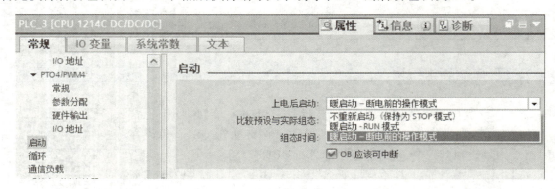

图 6-29　S7-1200 PLC 的启动模式

关于启动组织块在"任务 6.2"中已经介绍过，这里不再单独举例说明。

6.3.4　循环中断组织块

循环中断组织块是以固定的时间间隔中断用户程序。按照设定的时间间隔，循环中断（Cyclic interrupt）组织块被周期性地执行，如图 6-30 所示。例如周期性地定时执行闭环控制系统的 PID 运算程序等，循环中断 OB 的编号为 30~38 或者大于或等于 123。

创建循环中断组织块如图 6-31 所示。循环中断的时间间隔（循环时间）的默认值为 100ms（是基本时钟周期 1ms 的整数倍），它的设置区间为 1~60000ms。

任务 6.3　循环中断和延时中断

图 6-30　循环中断组织块

模块6 S7-1200 PLC的程序结构

图 6-31 创建循环中断组织块

右击项目树下程序块文件夹中已生成的"Cyclic interrupt [OB30]"选项,在弹出的对话框中单击"属性"选项,打开循环中断 OB 的属性对话框。在"常规"选项卡中可以更改 OB 的编号,在"循环中断"选项中,可以修改"循环时间"及"相移",如图 6-32 所示。

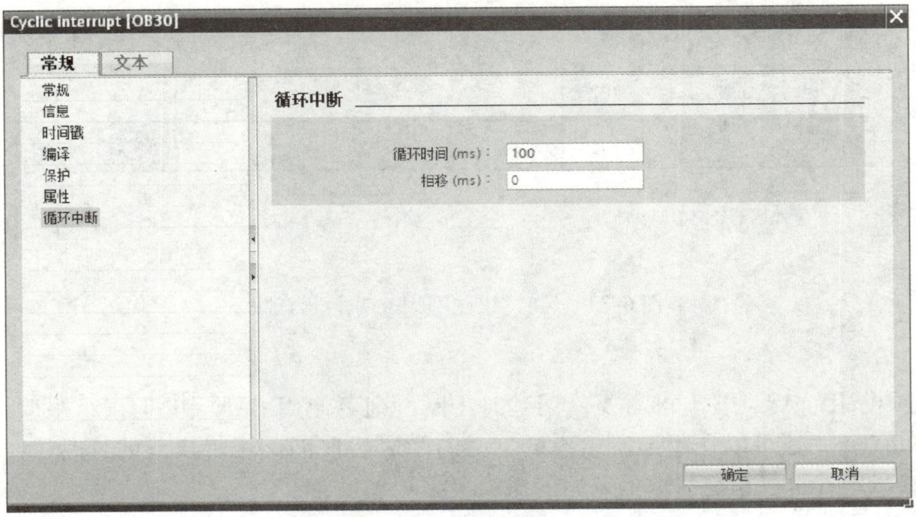

图 6-32 循环组织块参数设置

相移（相位偏移，默认值为0）是指在"循环时间"中所设定的时间间隔开始前指定的延时时间，用于错开不同时间间隔的几个循环中断 OB，使它们不会被同时执行。即如果使用多个循环中断 OB，当这些循环中断 OB 的时间基数有公倍数时，可以使用该相移来防止它们同时被启动，如图 6-33 所示。

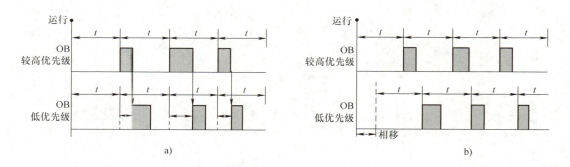

图 6-33 相移的作用效果对比
a）没有相移的循环中断 OB 调用 b）有相移的循环中断 OB 调用

6.3.5 延时中断组织块

定时器指令的定时误差较大，如果需要高精度的延时，就需要使用时间延时中断。延时中断组织块就是在过程事件出现后，延迟一定的时间再执行其中的程序，延时中断组织块的执行示意图如图 6-34 所示。在指令 SRT_DINT 的 EN 端使能输入的下降沿，启动延时过程。用该指令的参数 DTIME（1～60000ms）来设置延时时间。在延时时间中断 OB 中配合使用计数器，可以得到比 60s 更长的延时时间。用参数 OB_RN 来指定延时时间到时调用的 OB 块。S7-1200 未使用参数 SIGN，可以设置任意的值。REN_VAL 是指令执行的状态代码。相关的指令格式可参考图 6-35 所示的应用中的示例。

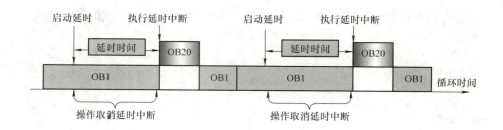

图 6-34 延时中断组织块的执行示意图

延时中断用完后，若不再需要使用延时中断，则可使用 CAN_DINT 指令来取消已启动的延时中断 OB。还可以在超出所组态的延时时间之后取消调用待执行的延时中断 OB，在 OB_NR 参数中，可以指定将取消调用的组织块编号。

用上述介绍方法生成时间延时中断组织块 OB，其编号为 20～23 或者大于或等于 123。

要使用延时中断 OB，需要调用指令 SRT_DINT 且将延时中断 OB 作为用户程序的一部分下载到 CPU。只有在 CPU 处于"RUN"模式时，才会执行延时中断 OB。暖启动模式将会清除延时中断 OB 的所有启动事件。

在用户程序中，最多可使用 4 个延时中断 OB（或循环中断 OB）。例如，如果已使用 2 个循环中断 OB，则在用户程序中最多可以再插入 2 个延时中断 OB。

下面通过一个例子来说明延时中断组织块的应用。当系统发生故障时，延时 500ms 后将 MW101 的数值设置为 16#FF。

首先创建延时中断组织块 OB20，在其中编写 MW101 加 1 的操作程序，然后在 OB1 中启动该延时中断组织块，如图 6-35 所示。

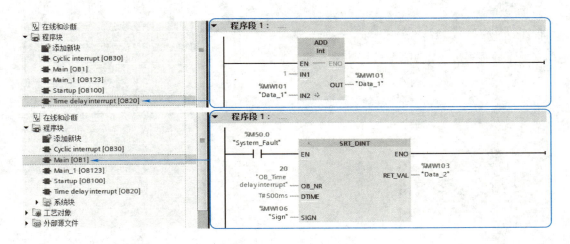

图 6-35　延时中断组织块的应用

6.3.6　硬件中断组织块

1. 硬件中断事件与硬件中断组织块

硬件中断（Hardware interrupt）组织块用来处理需要快速响应的过程事件。当出现 CPU 内置的数字量输入的上升沿、下降沿或者高速计数器事件时，立即中断当前正在执行的程序，改为执行对应的硬件中断 OB。硬件中断组块没有启动信息。

任务 6.3　硬件中断

系统最多可以生成 50 个硬件中断 OB。在硬件组态时定义中断事件，硬件中断 OB 的编号为 40～47 或者大于或等于 123。S7-1200 系列 PLC 支持下列中断事件。

1）上升沿事件，CPU 内置的数字量输入（根据 CPU 型号而定，最多为 12 个）和信号板上的数字量输入由 OFF 变为 ON 时，产生的上升沿事件。

2）下降沿事件，上述数字量由 ON 变为 OFF 时，产生的下降沿事件。

3）高速计数器 1～6 的实际计数值等于设置值（CV = PV）。

4）高速计数器 1～6 的方向改变，计数值由增大变为减小，或由减小变为增大。

5）高速计数器 1～6 的外部复位，某些高速计数器的数字量外部复位输入由 OFF 变为

ON 时，将计数值复位为 0。

2. 生成硬件中断组织块

生成硬件中断组织块如图 6-36 所示，并在 OB40 中编写硬件中断产生时需要执行的程序。

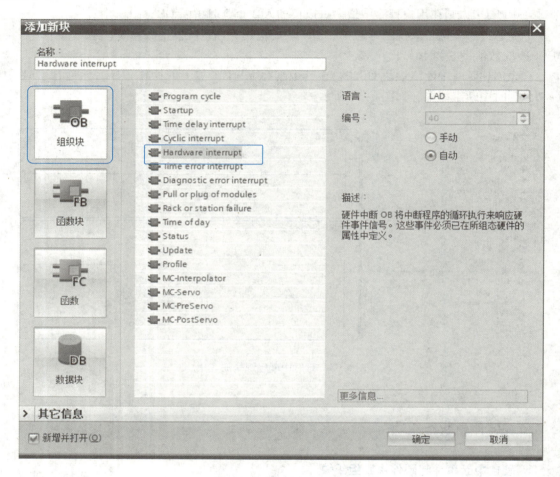

图 6-36 生成硬件中断组织块

3. 组态硬件中断事件

双击项目树的文件夹"PLC_1"中的"设备组态"选项，打开设备视图。首先选中 CPU，打开工作区下面巡视窗口的"属性"选项卡，选中左边的"数字量输入"的"通道 0"，即 I0.0，如图 6-37 所示。勾选"启用上升沿检测"复选框激活上升沿检测功能。单击选择"硬件中断"文本框右边的 按钮，在弹出的对话框的 OB 列表中选择"Hardware interrupt［OB40］"，然后单击 按钮确定。如果单击 按钮，则取消当前选择的中断组织块 OB；如果单击"新增"按钮，则说明弹出的对话框中没有需要的硬件中断组织块，需要新增一个硬件中断组织块。在这里将 OB40 指定给 I0.0 的上升沿中断事件，也就是说出现该中断事件后，操作系统将会调用 OB40。

模块6　S7-1200 PLC的程序结构

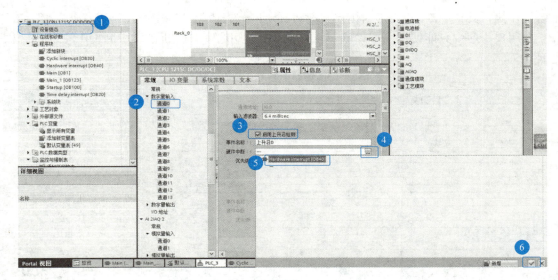

图 6-37　组态硬件中断组织块

6.3.7　时间错误中断组织块

如果发生下列事件之一，操作系统将调用时间错误中断（Time error interrupt）OB：
1）循环程序超出最大循环时间。
2）被调用的 OB（如延时中断 OB 和循环中断 OB）当前正在执行。
3）中断 OB 队列发生溢出。
4）由于中断负载过大而导致中断丢失。
在用户程序中只能使用一个时间错误中断 OB（OB80）。时间错误中断 OB 的启动信息见表 6-6。

表 6-6　时间错误中断 OB 的启动信息

变量	数据类型	描述
Fault_id	Byte	0x01：超出最大循环时间 0x02：仍在执行被调用 OB 0x07：队列溢出 0x09：中断负载过大导致中断丢失
Csg_OBnr	OB_ANY	出错时要执行的 OB 的编号
Csg_prio	Uint	出错时要执行的 OB 的优先级

6.3.8　诊断错误中断组织块

用户可以为具有诊断功能的模块启用诊断错误中断（Diagnostic error interrupt）功能，使模块能检测到 I/O 状态的变化。因此，模块会在出现故障（进入中断）或故障不再存在（中断返回）时触发诊断错误中断。如果没有其他中断 OB 激活，则调用诊断错误中断 OB。

若已经在执行其他中断 OB，诊断错误中断将置于同优先级的队列中。

在用户程序中只能使用一个诊断错误中断 OB（OB82）。诊断错误中断 OB 的启动信息见表 6-7。

表 6-7 诊断错误中断 OB 的启动信息

变量	数据类型	描述
IO_state	Word	包含具有诊断功能的模块的 I/O 状态
laddr	HW_ANY	HW_ID
Channel	Uint	通道编号
Multi_error	Bool	为 1 时表示有多个错误

任务实施

6.3.9 I/O 地址分配

任务 6.3 任务分析

本次任务需要 2 个按钮来起动和停止设备，同时还需要 1 个具有开关量输出的温度传感器来检查温度是否到达设定值，因此，需要 3 个输入点。加热装置采用 1 个接触器控制其通断，因此，需要 1 个输出点。I/O 地址分配表见表 6-8。

表 6-8 I/O 地址分配表

元件	符号	地址	说明
按钮开关	SB1_Start	I0.0	设备起动按钮
按钮开关	SB2_Stop	I0.1	设备停止按钮
温度传感器	SQ	I0.2	温度传感器开关量
接触器	KM	Q0.0	加热装置控制接触器

6.3.10 电路设计

控制电路是指控制按钮、温度传感器开关量与 PLC 的输入端连接，接触器的线圈与 PLC 的输出端连接，具体电路如图 6-38 所示。

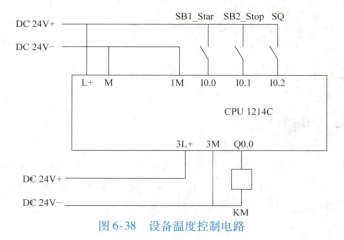

图 6-38 设备温度控制电路

6.3.11 程序编写

1. 创建 OB100 并编写 OB100 程序

在启动组织块中给设备温度设定初始值,如图 6-39 所示。如果操作人员未修改设定值,则以初始设定值工作。

2. 创建循环中断组织块 OB30 并编写程序

将循环时间设置为 1000ms,也就是 1s,具体程序如图 6-40 所示。

任务 6.3　任务实施

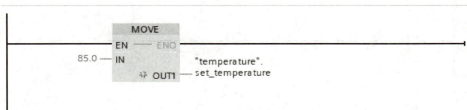

图 6-39　初始化程序

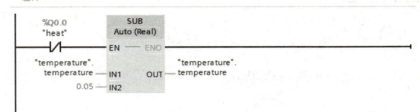

图 6-40　循环中断组织块中的程序

3. 编写延时中断程序 OB20

设定延时中断时间为 30s，即产生中断信号 30s 后执行延时中断程序，如图 6-41 所示。

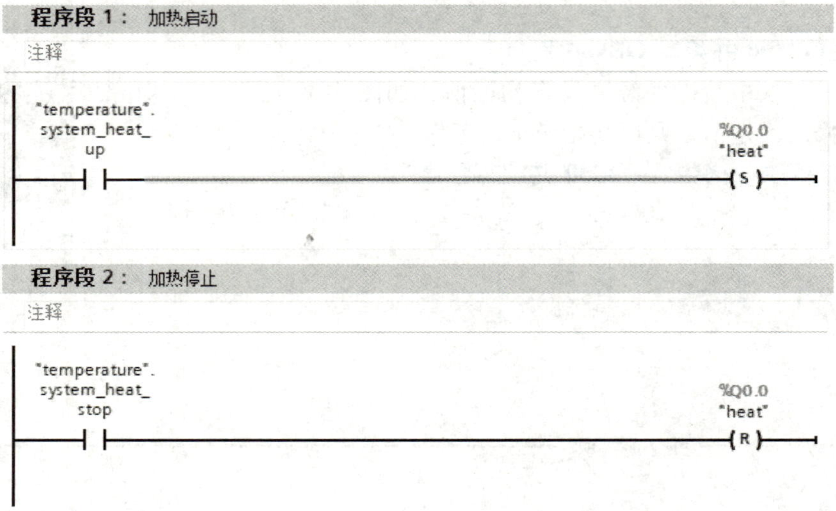

图 6-41　延时中断程序

4. 编写 OB1 主程序

在主程序中主要完成系统启停、加热与停止加热信号判断以及对延时中断组织块的调用，分别如图 6-42 ~ 图 6-44 所示。

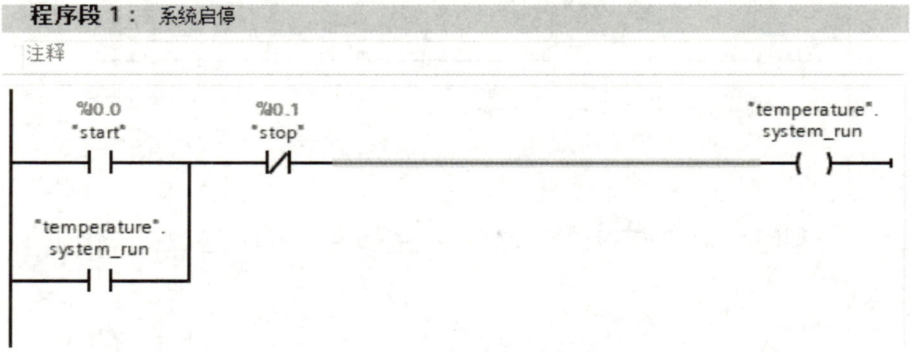

图 6-42　系统启停程序

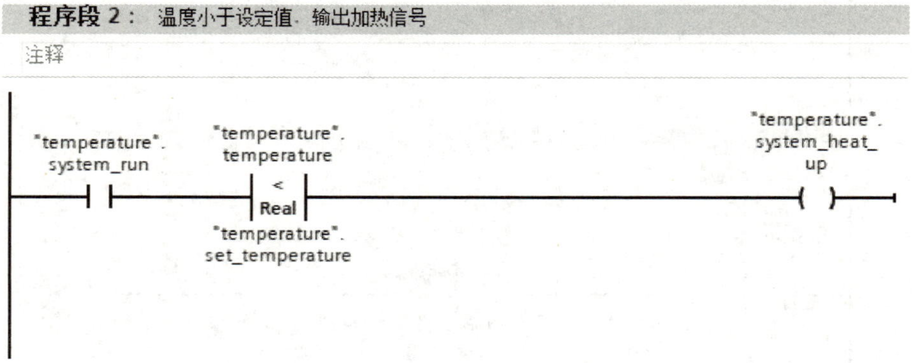

图 6-43　加热与停止加热信号判断程序

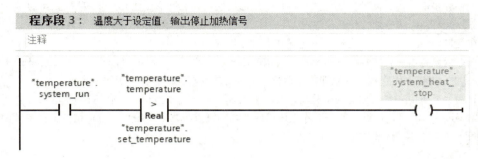

图 6-43 加热与停止加热信号判断程序（续）

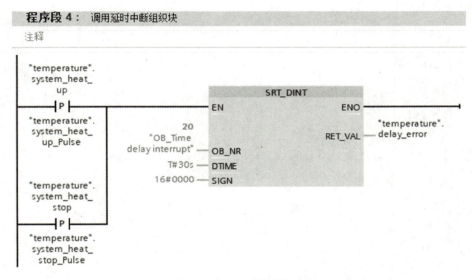

图 6-44 调用延时中断组织块

习 题

1. PLC 的编程方法有 3 种，分别是_____、_____和_____。

2. _____是用户编写的程序块、是不带存储器的代码块。由于没有可以存储参数值的存储器，因此，调用函数时必须给所有形参分配实参。

3. _____是一种"带内存"的块，系统会分配数据块作为其内存（背景数据块）。临时变量则存在本地数据块堆栈中。执行完 FB 之后，不会丢失在 DB 中保存的数据。

4. 一般情况下，4kW 以下的小功率电动机大部分采用_____，大于 4kW 电动机的采用_____。

5. _____是操作系统与用户程序之间的接口，它是由操作系统调用的，用来控制循环中断驱动程序的执行、PLC 启动特性和错误处理等。

6. 接通 CPU 电源后，S7-1200 系列 PLC 在开始执行用户程序循环组织块之前首先执行_____。通过在该组织块中编写程序，来实现一些初始化的工作，如给某些变量赋值等。

7. _____是以固定的时间间隔中断用户程序，按照设定的时间间隔，该组织块被周期性地执行。

8. 组织块分为哪几类？它们之间有什么区别？

9. 函数（FC）和函数块（FB）有什么区别？

10. 三相异步电动机有两种接线方式，一种是星形接法（也称Y形接法），另一种是三角形接法（也称△形接法），这两种接法分别有什么优缺点？

11. 在变量申明表内，所申明的静态变量和临时变量有什么区别？

12. 有一台设备由一台三相电动机驱动，要求电动机在起动后工作 3h，停止 1h，再工作 3h，停止 1h，一直按此循环，当按下停止按钮后立即停止运行。请按上述要求使用循环组织块实现。

13. 有一台设备由一台三相电动机驱动，要求采用 S7 – 1200 系列 PLC 控制设备的定时启停。每天 6 点起动，工作 3h 后自动停止运行。若按下停止按钮或者电动机过载则立即停止运行。请按上述要求使用延时中断实现延时功能，使用硬件中断实现停机功能。

模块 7　S7-1200 PLC的通信与网络应用

任务 7.1　S7-1200 PLC 采集水位值——MODBUS 通信方式及应用

 任务描述

在一个工业项目应用中，有大量的水位数据需要采集，现需要根据要求选用相应的传感器并设计方案与编写程序，以采集传感器的水位值。

 任务分析

1) S7-1200 PLC 要采集多个传感器数值，如果用模拟量模块来采集，将需要较多的模拟量模块，接线较复杂、成本较高。

2) S7-1200 PLC 自带的网口支持多种通信方式，经查询资料可知部分传感器支持 MODBUS 通信，可通过网络通信的方式采集多个传感器数值。

3) 进一步查证可知：S7-1200 PLC 自带的网口支持的 MODBUS 通信方式为 MODBUS-TCP 通信方式，而传感器支持的通信方式为 MODBUS-RTU 通信方式，因此需要添加支持 MODBUS-RTU 通信的模块，以实现相应的任务。

7.1.1　MODBUS 通信方式介绍

MODBUS 是一种串行通信协议，是 Modicon 公司（Schneider Electric，现在的施耐德电气公司）于 1979 年为使用可编程逻辑控制器（PLC）通信而发表的。MODBUS 已经成为工业领域通信协议的业界标准，并且现在是工业电子设备之间常用的连接方式。

MODBUS 比其他通信协议使用更广泛的主要原因如下。

1) 公开发表并且无版权要求。
2) 易于部署和维护。
3) 对供应商来说，修改移动本地的位或字节没有很多限制。
4) MODBUS 允许多个（大约 240 个）设备连接在同一个网络上进行通信。

在数据采集与监视控制系统（SCADA）中，MODBUS 通常用来连接监控计算机和远程终端控制系统（RTU）。

任务 7.1　认识 MODBUS 通信

1. MODBUS 通信原理与分类

MODBUS 协议目前有用于串口、以太网以及其他支持互联网协议的网络的版本。大多数 MODBUS 设备通信通过串口 EIA-485 物理层进行。

MODBUS 协议采用主从工作方式，允许一台主设备和多台从设备通信，每台从设备地址由用户设定，地址范围为 1~255。图 7-1 所示 MODBUS 协议工作方式，MODBUS 通信采用命令/应答方式，每一种命令帧都对应一个应答帧。命令帧由主设备发出，所有从设备都将收到报文，但只有被寻址的从设备才会响应相应命令，返回相应的应答帧。

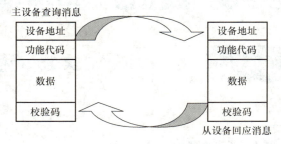

图 7-1 MODBUS 协议工作方式

MODBUS 控制器能设置两种传输模式：ASCII 或 RTU。在标准的 MODBUS 网络通信中，用户可选择需要的模式，包括串口通信参数（如波特率、校验方式等）。在配置每个控制器的时候，在同一个 MODBUS 网络上的所有设备都必须选择相同的传输模式和串口参数。

（1）ASCII 模式

当控制器设置为在 MODBUS 网络上以 ASCII（美国标准信息交换代码）模式通信时，在消息中的每个字节都作为两个 ASCII 字符发送。这种方式的主要优点是，字符发送的时间间隔可达到 1s 而不产生错误。

（2）RTU 模式

当控制器设置为在 MODBUS 网络上以 RTU（远程终端单元）模式通信时，在消息中的每个字节包含两个 4bit 的十六进制字符。这种方式的主要优点是，在同样的波特率下，可比 ASCII 方式传送更多的数据。

一般工业智能仪器仪表都是采用 RTU 模式的 MODBUS 协议。

MODBUS-TCP/IP 为 RTU 模式的延伸：MODBUS-TCP/IP 采用的是基于 MODBUS 的以太网。MODBUS 可以通过以太网实现，但必须是 MODBUS-TCP/IP。接口方式不同，驱动程序也与 RTU 模式不同。

总的来说 MODBUS 协议分 MODBUS-ASCII，MODBUS-RTU 和后来发展的 MODBUS-TCP 3 种模式。其中前两种（MODBUS-RTU、MODBUS-ASCII）所用的物理硬件接口都是串行（Serial）通信口（RS-232、RS-422、RS-485），是在串行链路上使用的通信协议（串口通信）；后一种 MODBUS-TCP 是在以太网口基于 TCP/IP 协议的 MODBUS 通信协议。

S7-1200 CPU 的 PROFINET 通信口支持 MODBUS-TCP 通信。

2. MODBUS 通信硬件支持

MODBUS 是一种协议，必须要有硬件为实现平台，而不同的硬件平台具有不同的电气特性和连接方式，比如 RS-232、RS-485。常用的 MODBUS 通信硬件支持为 RS-485。

RS-485 是一个物理接口，简单地说是硬件。所谓协议，也可以理解为"语言"，简单地说是软件。

一般情况下，两台设备通过 MODBUS 协议传输数据有以下几种情形。

1）早期用 RS-232C 作为硬件接口，也就是计算机上的串行通信接口。

2）也有用 RS-422 的情况。

3）最常用的为 RS-485，这种接口传输距离远，在一般工业现场用得比较多。

下面介绍 RS-485 通信的特性。

1) RS-485 的电气特性：逻辑"0"以两线间的电压差为 +2～+6V 表示；逻辑"1"以两线间的电压差为 -2～-6V 表示。接口信号电平比 RS-232 降低了，这样就不易损坏接口电路的芯片，且该电平与 TTL 电平兼容，可方便与 TTL 电路连接。

2) RS-485 的数据最高传输速率为 10Mbit/s。

3) RS-485 接口是采用平衡驱动器和差分接收器的组合，抗共模干扰能力增强，即抗噪声干扰性好。

4) RS-485 接口的最大传输距离标准值为 4000ft（约 1219m），实际上可达 3000ft。另外 RS-232 接口在总线上只允许连接 1 个收发器，只具有单站能力。而 RS-485 接口在总线上是允许连接多达 128 个收发器，即具有多站能力。这样用户可以利用单一的 RS-485 接口方便地建立起设备网络。

RS-485 网络通信连接方式如图 7-2 所示，在通信网络的两端，一般需接入终端电阻。

图 7-2　RS-485 网络通信连接方式

3. 学习 MODBUS 通信指令

通过查看水位传感器手册，可以发现 PLC 是通过发送固定格式的指令给传感器，以实现对传感器的控制。通过发送读取指令，得到水位传感器的返回指令。返回指令有固定格式，其中根据返回数据字节的个数来得到传感器水位数据，对水位数据进行运算得到实际的水位值。

MODBUS-RTU 读取数据命令格式说明（数据都为十六进制数）见表 7-1。

表 7-1　MODBUS-RTU 读取数据命令格式说明

	设备地址 （1Byte）	功能码 （1Byte）	数据地址 （2Byte）	将要读取数据个数 （2Byte）	16CRC 码（低前高后） （2Byte）
主站发送命令	01～254	0x03	00 00	CN	CRC0 CRC1
从站返回数据	设备地址 （1Byte）	功能码 （1Byte）	数据字节数 （1Byte）	传感器数据 （≥2Byte）	16CRC 码（低前高后） （2Byte）
	01～254	0x03	02*CN	S_HN, S_LN	CRC0 CRC1

在 MODBUS-RTU 读取数据命令中，"设备地址"指的是站点的设备地址，地址范围为 01～254；"功能码"是固定的 0x03，表示主站向从站读取数据；"数据地址"表示将要读取的数据在从站中数据寄存器的地址，"将要读取数据个数"表示从"数据地址"中所写的地址开始连续读取的数据个数，"16CRC 码"是 MODBUS 中的循环冗余校验由特定的计算方式生成，主要是根据发送的数据进行相应的运算（即根据 01 03 00 00 00 01 生成），实际应用中，可以在互联网中查找 CRC 校验码生成工具来完成计算（如 CRC（循环冗余校验）在线计算：http://www.ip33.com/crc.html），也可以按校验规则自行编写程序生成 CRC 校验码。

通信举例：读取一个传感器信号。

本次任务中用到的 0~5m 水位传感器通信设备地址默认为 01，即 [Address] = 01（Address 范围 01~254），水位值存放在地址"00 00"中，且该传感器的水位值用一个 16 位的数据来表示，所以 [CN] = 01，通过计算得出 CRC0 = 84，CRC1 = 0A。此时发送与返回数据如下。

发送数据：01 03 00 00 00 01 84 0A

返回数据：01 03 02 02 AC B9 59

此时，第 3 字节值为 02，代表后面跟着的两个字节为传感器数据，即传感器高位数据为 02，低位数据为 AC，02AC 为十六进制数，转换成十进制为 684。

计算公式为：(量程上限/2000) × 当前数据 = 当前水位值。

数据输出 0~2000 对应 0~5m，故当前液位为 P = 5m × 684/2000 = 1.71m。

可以通过水位传感器的写入指令对水位传感器的 MODBUS 地址进行修改，具体的指令格式说明见表 7-2 所示。

表 7-2 MODBUS – RTU 写入命令格式说明

	设备地址 (1Byte)	功能码 (1Byte)	数据地址 (2Byte)	将要设置的新地址 (2Byte)	16CRC 码（低前高后） (2Byte)
主站发送命令	01~254	0x06	00 0F	H L	CRC0 CRC1
	设备地址 (1Byte)	功能码 (1Byte)	数据地址 (2Byte)	新地址 (2Byte)	16CRC 码（低前高后） (2Byte)
从站返回数据	01~254	0x06	00 0F	H L	CRC0 CRC1

在 MODBUS – RTU 写入命令中，"设备地址""数据地址"和"16CRC 码"同读取数据指令，"功能码"为固定的 0x06，表示主站向从站写入数据；"将要设置的新地址"表示为从站即将设置的新地址。在本次任务中将水位传感器 MODBUS 地址修改为 09 的指令格式如下。

发送数据：01 06 00 0F 00 09 79 CF

返回数据：01 06 00 0F 00 09 79 CF

返回数据如果和发送数据一致，则表明修改成功，地址修改完成后无须重新上电即可直接工作。

在 TIA PORTAL 中，对 MODBUS – RTU 指令进行了封装，实际使用中只需要在对应的 MODBUS – RTU 指令引脚中填入数据即可。

TIA PORTAL 软件中提供了两个版本的 MODBUS – RTU 指令，如图 7-3 所示。

早期版本的 MODBUS – RTU 指令（图 7-3 中 MODBUS V2.2）仅可通过 CM1241 通信模块或 CB1241 通信板进行 MODBUS – RTU 通信。

新版本的 MODBUS – RTU 指令（图 7-3 中 MODBUS（RTU）V3.0）扩展了 MODBUS – RTU 的功能，该指令除了支持 CM1241 通信模块、CB1241 通信板，还支持 PROFINET 或 PROFIBUS 分布式 I/O 机架上的 PTP 通信模块。

注意：新版本 MODBUS – RTU 指令通过 CM1241 通信模块或 CB1241 通信板进行 MODBUS – RTU 通信时，需要满足如下条件：

1）S7 – 1200 CPU 的固件版本不能低于 V4.1。

2）CM1241 通信模块版本要求 V2.1 以上或 CB1241。

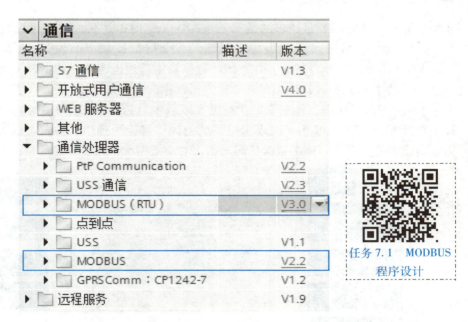

图 7-3　MODBUS – RTU 指令

MB_COMM_LOAD 指令的格式说明如图 7-4 所示。EN 是 MB_COMM_LOAD 功能指令的使能端，REQ 的上升沿会启动 MB_COMM_LOAD 功能指令。在使用此指令时，需要配置通信的端口号、波特率、奇偶校验位、通信 DB 块等。通信的端口号在组态了通信设备后自动生成，可在引脚处选取。波特率的选取与距离有关，也与传感器有关，距离越远，能使用的波特率越低。在这里根据传感器的规格选择 9600，奇偶校验选择 0，即不进行校验。MB_DB 引脚处，填写的是 MB_MASTER 指令的背景数据块，建议使用 MB_MASTER 指令后再进行 MB_DB 引脚选取。DONE 为 1 时表示指令的执行已完成且未出错，ERROR 为 1 时表示检测到错误。当检测到错误时，可通过查看 STATUS 的值确定错误的类型，具体的错误代码与错误对应关系可以查看博途的帮助系统文件。

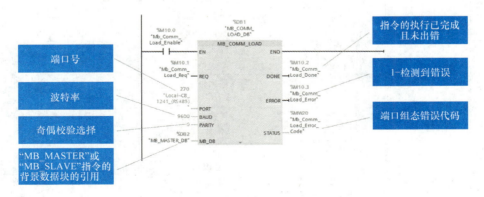

图 7-4　MB_COMM_LOAD 指令的格式说明

MB_MASTER 指令的格式说明如图 7-5 所示。EN 是 MB_MASTER 的使能端，REQ 为 1 时，是请求将数据发送到 MODBUS 从站；MB_ADDR 是从站的 MODBUS 地址；MODE 是指定请求类型：读取、写入或诊断；DATA_ADDR 是指定 MODBUS 从站中将供访问的数据的起始地址；DATA_LEN 是请求的数据长度；DATA_PTR 是从该位置读取数据或向其写入数据。一般会将数据写入到数组中，因此，在全局数据块 data 中定义了 DATA 数组，P#DB3.DBX0.0 BYTE 2 代表一个指向 DB3 数据块中首地址为 0.0 的指针，指向的地址有两个字节。即 P#代表指针，DB3.DBX0.0 代表指针指向的地址，BYTE 2 代表指向地址处访问两个字节。DONE 为 1 时表示指令的执行已完成且未出错，BUSY 为 1 时表示 MB_MASTER 事务正在处理中，ERROR 为 1 时表示检测到错误。当检测到错误时，可通过查看 STATUS 的值确定错误的类型，具体的错误代码与错误对应类型可以查看博途的帮助系统文件。

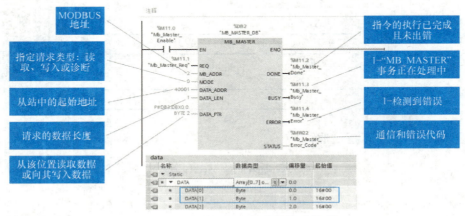

图 7-5 MB_MASTER 指令的格式说明

根据实际的应用情况，MODE 常用的数值有 0 和 1，0 代表读取数值、1 代表写入数值。MODBUS 功能码不同，具体能实现的功能也不相同。具体的值与代表的意义见表 7-3。

表 7-3 MODE 功能说明表

MODE	MODBUS 功能码	数据长度	操作说明	MODBUS 地址
0	01	1~2000 1~1992①	读取输出位： 1~（1992 或 2000）位	1~9999
0	02	1~2000 1~1992①	读取输入位： 1~（1992 或 2000）位	10001~19999
0	03	1~125 1~124①	读取保持寄存器： 1~（124 或 125）个字	40001~49999 或者 400001~465535
0	04	1~125 1~124①	读取输入字： 1~（124 或 125）个字	30001~39999
1	05	1	写入输出位： 1 位	1~9999
1	06	1	写入保持寄存器： 1 个字	40001~49999 或者 400001~465535
1	15	2~1968 2~1960①	写入多个输出位： 2~（1960 或 1968）位	1~9999
1	16	2~123 2~122①	写入多个保持寄存器： 2~（122 或 123）个字	40001~49999 或者 400001~465535
2	15	1~1968 1~1960①	写入一个或多个输出位： 1~（1960 或 1968）位	1~9999
2	16	1~123 1~122①	写入一个或多个保持寄存器： 1~（122 或 123）个字	40001~49999 或者 400001~465535

① 对于"扩展地址范围"，最大数据长度将减少 1 字节或一个字，具体取决于用于该功能的数据类型。

任务实施

7.1.2 硬件选型

S7-1200 的以下模块支持 MODBUS-RTU 通信。

1) 使用通信模块 CM 1241 RS-232 作为 MODBUS-RTU 主站时，只能与一个从站通信。

2) 使用通信模块 CM 1241 RS-485 作为 MODBUS-RTU 主站时，则允许建立最多与 32 个从站的通信。

3) 使用通信板 CB 1241 RS-485 时，CPU 固件必须为 V2.01 及以上版本，且使用软件必须为 STEP 7 Basic V11 或 STEP 7 Professional V11 及以上版本。

任务 7.1 硬件选型与线路连接

S7-1200 支持 MODBUS-RTU 通信模块的订货号见表 7-4，相应的模块如图 7-6 所示。

表 7-4 MODBUS-RTU 通信模块的订货号

通信模块/通信板	订货号
CM1241 RS-232	6ES7241-1AH32-0XB0
CM1241 RS-422/485	6ES7241-1CH32-0XB0
CB 1241 RS-485	6ES7241-1CH30-1XB0

a)   b)   c)

图 7-6 支持 MODBUS-RTU 的通信模块

a) CM1241 RS-232   b) CM1241 RS-422/485   c) CB 1241 RS-485

本项目中要采集多个传感器的水位值，因此，可以选用 CM1241 或者 CB1241 模块。为了使结构更紧凑，选用 CB1241 的通信板模块，可以实现与多个水位传感器的通信。

选用一款可以使用 MODBUS-RTU 通信的水位传感器，其参数如下所示（本协议遵守 MODBUS 通信协议，采用了 MODBUS 协议中的 RTU 方式，RS-485 半双工工作方式）。

1) 输出信号：RS-485（距离可达 1000m，总共可接 32 路）。

2) 标准 MODBUS-RTU 协议（03 功能读取数据，06 功能写入设置数据）。

3) 数据格式：9600、N、8、1（9600bit/s、无校验、8 位数据位、1 位停位）。

4) 测试范围：0~X（m）。

5) 分辨率：0.05%。

6) 输出数据：0~2000（其他范围定制）。
7) 响应频率：≤5Hz。
8) 响应速度：≥10ms。

RS-485水位传感器实物图如图7-7所示，基本技术参数如图7-8所示。

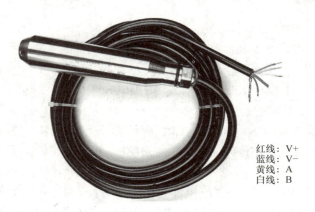

图7-7 RS-485水位传感器实物图

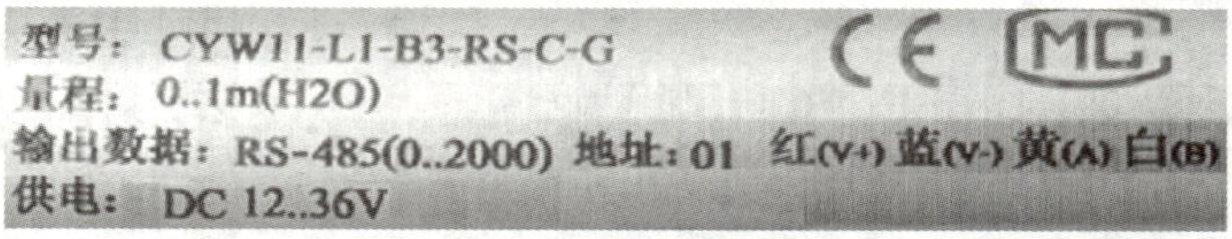

图7-8 RS-485水位传感器基本技术参数

7.1.3 电路设计

如图7-9所示，CB1241的通信板模块接线方式分为两种。当设备处于网络连接的末端时，需连接"TA"和"TB"以终止网络；当设备处于网络的中间时，不需要连接"TA"和"TB"。在连接时，需使用屏蔽双绞线电缆，并将电缆屏蔽接地。

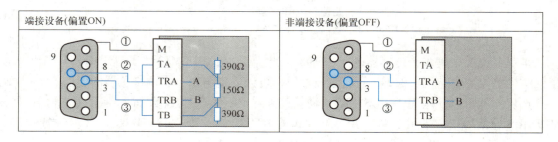

图7-9 MODBUS-RTU通信模块接线图

水位传感器的连接图如图7-10所示。

通过资料可知，CB1241与水位传感器接线图应如图7-11所示。将水位传感器的红线和蓝线分别接到DC 24V电源的正负极，将水位传感器的黄线（A线）接到CB1241的T/RA

端，白线（B 线）接到 CB1241 的 T/RB 端。需要注意的是，多数设备定义为 A + 、B - ，传感器定义的也是 A + 、B - ，而 CB1241 的输出定义的是 TRB + 、TRA - ，所以实际的接线应该是黄线（A 线）接到 CB1241 的 T/RB 端，白线（B 线）接到 CB1241 的 T/RA 端。在实际应用中，如果通信失败，可以尝试通过调换 A 线与 B 线来解决问题。

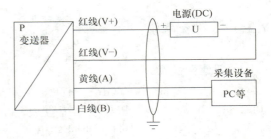

图 7-10　RS-485 水位传感器接线图

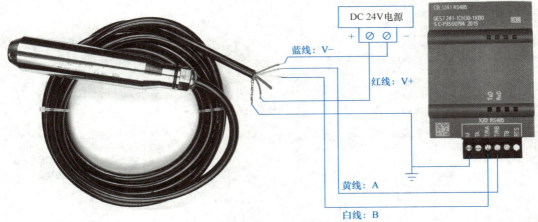

图 7-11　CB1241 与水位传感器接线图

7.1.4　硬件组态

在博途软件中新建项目，首先添加 1214C 的 CPU，再添加 CB1241 模块到 CPU 的通信板处，具体操作过程如图 7-12 所示。

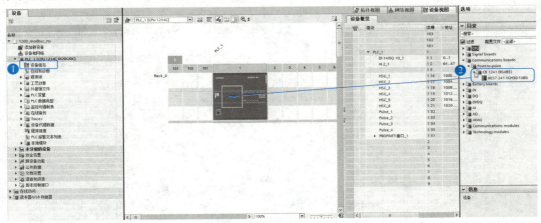

图 7-12　组态 CPU 与 CB1241 通信模块

7.1.5 程序编写

1. 新建变量表

硬件组态完成后，双击项目树中的"PLC 变量"选项打开 PLC 默认变量表，在 PLC 变量表中定义变量，如图 7-13 所示，将程序中用到的变量及相应的功能进行定义。

任务 7.1　程序编写

名称	数据类型	地址				注释
Mb_Comm_Load_Done	Bool	%M10.2		☑	☑	组态 modbus 端口完成
Mb_Comm_Load_Error	Bool	%M10.3		☑	☑	组态 modbus 端口错误
Mb_Comm_Load_Error_Code	Word	%MW20		☑	☑	组态 modbus 端口错误代码
Mb_Master_Error_Code	Word	%MW22		☑	☑	作为 modbus 主站通信错误代码
Mb_Master_Enable	Bool	%M11.0		☑	☑	作为 modbus 主站通信使能
Mb_Master_Req	Bool	%M11.1		☑	☑	作为 modbus 主站通信请求
Mb_Comm_Load_Enable	Bool	%M10.0		☑	☑	组态 modbus 端口命令使能
Mb_Comm_Load_Req	Bool	%M10.1		☑	☑	组态 modbus 端口命令请求
Mb_Master_Done	Bool	%M11.2		☑	☑	作为 modbus 主站通信完成
Mb_Master_Busy	Bool	%M11.3		☑	☑	作为 modbus 主站通信正在处理中
Mb_Master_Error	Bool	%M11.4		☑	☑	作为 modbus 主站通信错误
S_HN	UInt	%MW24		☑	☑	水位数据高 8 位
S_LN	UInt	%MW26		☑	☑	水位数据低 8 位
water_uint	UInt	%MW28		☑	☑	水位数据_整型
water_int_to_real	Real	%MD30		☑	☑	水位数据_实型
water	Real	%MD32		☑	☑	水位数据_真实值

图 7-13　程序变量定义

2. 新建通信 DB

双击"添加新块"选项，在弹出的对话框中选择"数据块"图标，选择数据块类型为"全局 DB"，将数据块命名为"data"，具体操作如图 7-14 所示。

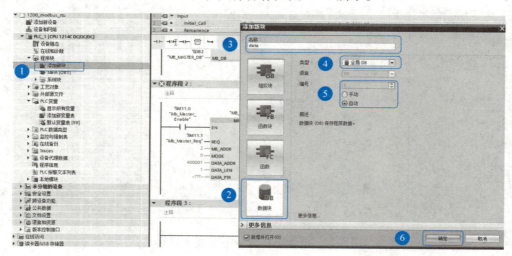

图 7-14　新建通信 DB

在 DB 中新建变量，如图 7-15 所示。

		名称	数据类型	起始值
1	◆ ▼	Static		
2	◆ ■ ▼	data	Array[0..10] of Byte	
3	◆	data[0]	Byte	16#0
4	◆	data[1]	Byte	16#0
5	◆	data[2]	Byte	16#0
6	◆	data[3]	Byte	16#0
7	◆	data[4]	Byte	16#0
8	◆	data[5]	Byte	16#0
9	◆	data[6]	Byte	16#0
10	◆	data[7]	Byte	16#0
11	◆	data[8]	Byte	16#0
12	◆	data[9]	Byte	16#0
13	◆	data[10]	Byte	16#0
14	■	<新增>		

图 7-15　在 DB 中新建变量

3. 编写 MODBUS 通信程序

在博途软件中编写 MODBUS 通信程序如图 7-16 所示，其具体的指令说明参见图 7-4 MB_COMM_LOAD 的指令的格式说明与图 7-5 中 MB_MASTER 指令的格式说明。另可通过博途软件的帮助系统文件了解相关参数的使用。

任务 7.1　程序验证

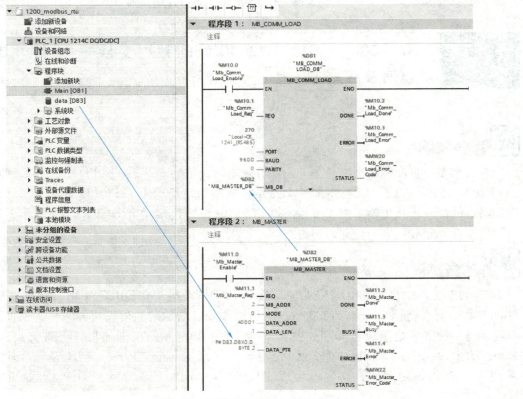

图 7-16　编写 MODBUS 通信程序

4. 编写水位传感器数据处理程序

对于量程为 0～1m 的传感器，其水位计算公式为：

$$1 \times 当前数据/2000 = 当前水位值$$

在博途软件中编写水位传感器数据处理程序如图 7-17 所示。因采集的数据分高 8 位与低 8 位，分别存储在 data 数据块的 DATA［0］与 DATA［1］中。在程序中，先通过 SHL 指令将高 8 位的数据左移 8 位，存储在 MW24 中；再与低 8 位数据相加，即可得到采集到的数据。然后将数据转变为实数类型，并进行相应的除法运算，得到真实的水位值存储在变量 water 中，其单位为 m（米）。

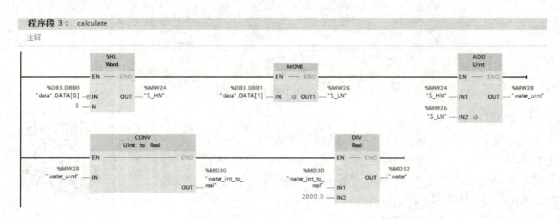

图 7-17 水位传感器数据处理程序

任务 7.2　S7-300 与 S7-1200 PLC 的数据交换——PROFIBUS 通信及应用

任务描述

在一个工业生产线改造项目中，原项目采用的设备为 S7-300 型 PLC，采用的通信方式以 PROFIBUS 通信为主。现需增加一个站点，增加的站点选用了 S7-1200 型 PLC，并且将增加站点的部分信息传输给主控 S7-300 PLC，其线路连接示意图如图 7-18 所示，请选用合适的器件并完成相应的任务。

任务分析

S7-1200 PLC 自带 PROFINET 通信接口，但是没有 PROFIBUS 接口，如果要想实现 PROFIBUS 通信，需要在 S7-1200 PLC 上增加模块。增加的通信模块有两种，一种是从站模块，另一种是主站模块，分别如图 7-19 和图 7-20 所示。根据项目任务可知，S7-300 PLC 作为主站，S7-1200 PLC 作为从站，因此需要增加一个 PROFIBUS DP 从站模块，安装在 S7-1200 PLC 的左侧。这样就可以实现 S7-300 PLC 与 S7-1200 PLC 的 PROFIBUS 通信。

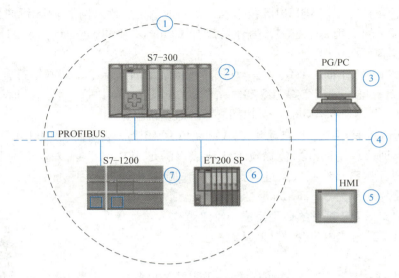

图 7-18 产线线路连接示意图

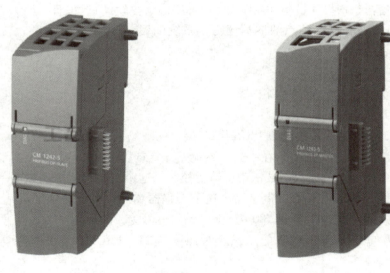

图 7-19 CM1242-5 PROFIBUS DP 从站模块   图 7-20 CM1243-5 PROFIBUS DP 主站模块

7.2.1 PROFIBUS 通信介绍

PROFIBUS 是面向工厂自动化、流程自动化的一种国际性的现场总线标准,是一种具有广泛应用范围的、开放的数字通信系统,适合于快速、时间要求严格和可靠性要求高的各种通信任务。PROFIBUS 网络通信的本质是 RS-485 串口通信。按照不同的行业应用,主要有 3 种通信行规: DP (Decentralized Peripherals, 分布式外部设备)、FMS (Field Message Specification, 现场总线报文规范) 和 PA (Process Automation, 过程自动化) 行规。随着现场总线的应用领域不断扩大，PROFIBUS 技术也在不断地发生变化。例如 FMS 行规目前已不再使用，而 DP 和 PA 的应用越来越多，另外类似 PROFIdirve 和 PROFIsafe 等新的行规也都随着应用增多而逐渐普及。

PROFIBUS DP（分布式 I/O）是一种用于现场级的通信网络，此网络符合 IEC 61158-2/EN 61158-2 标准，采用令牌总线和主站/从站的混合访问协议。联网是通过一对双绞线或光缆进行的，可实现 9.6Kbit/s 至 12Mbit/s 的数据传输速率。

PROFIBUS PA 是用于过程自动化（PA）的 PROFIBUS。它可将 PROFIBUS DP 通信协议与 MBP（曼彻斯特总线供电）传输技术相连接以满足 IEC 61158-2 标准的要求。PROFIBUS PA 网络基于屏蔽双绞线线路进行安全设计，因此适合在危险区域中使用（危险 0 区和 1 区）。数据传输速率为 31.25Kbit/s。

1. PROFIBUS DP 系统的典型组成和网络结构

PROFIBUS DP 系统中包含主站和从站。

主站有以下两种。

1）一类主站：是指 PLC、PC 或可做一类主站的控制器。一类主站完成总线通信控制与管理。

任务 7.2 认识 PROFIBUS 通信

2）二类主站：是指操作员工作站（如 PC 加图形监控软件）、编程器、操作员接口等。完成各站点的数据读写、系统配置、故障诊断等功能。

从站有以下几种。

1）以 PLC 为代表的智能型 I/O 设备。

2）分布式 I/O。

3）驱动器、执行器、传感器等 PROFIBUS 接口的现场设备。

此类设备为被动站点，由主站在线完成系统配置、参数修改和数据交换等功能。

在 DP 网络中，一个从站只能被一个主站所控制，这个主站是这个从站的一类主站。如果网络上还有编程器和操作面板控制从站，这个编程器和操作面板是这个从站的二类主站，如图 7-21 所示。标号为 2 的 S7-1500 为 DP 主站，标号为 3 的为 PG/PC，标号为 6 的为 DP 从站，标号为 7 的 S7-300 为智能从站。对照图 7-21，PROFIBUS DP 典型设备说明见表 7-5。

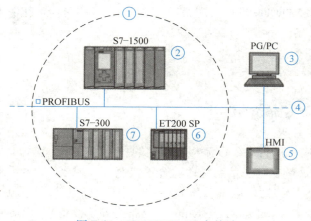

图 7-21 PROFIBUS DP 主从站

表 7-5 PROFIBUS DP 典型设备说明

编号	PROFIBUS	说明
1	DP 主站系统	
2	DP 主站	用于对连接的 DP 从站进行寻址的设备 PG/PC/HMI 设备用于调试和诊断 DP 主站通常是运行自动化程序的控制器
3	PG/PC	PG/PC/HMI 设备用于调试和诊断 二类 DP 主站
4	PROFIBUS	网络基础结构
5	HMI	用于操作和监视功能的设备
6	DP 从站	分配给 DP 主站的分布式现场设备，如阀门终端、变频器等
7	智能从站	智能 DP 从站

2. PROFIBUS DP 的通信方式

PROFIBUS DP 通信主要是主站和从站之间的主从通信。从站可以是 ET200、变频器等纯粹的 I/O 设备，也可以是将 DP 接口设置为从站模式的 CPU，称之为智能从站。PROFIBUS DP 通信还可以通过 DP/DP 耦合器实现两个 DP 主站之间的主通信，其具体实现的通信方式如图 7-22 所示。

任务 7.2 PROFIBUS DP 的通信方式

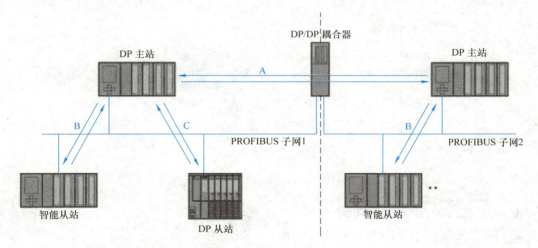

A DP主站与DP主站间通信
B DP主站与智能从站间通信
C DP主站与DP从站间通信

图 7-22 PROFIBUS DP 具体实现的通信方式

3. PROFIBUS DP 网络的传输方式

PROFIBUS 设备进行联网可以通过两种不同方式。

（1）屏蔽双绞线传输方式

基于 EIA 定义的 RS-485 传输方式，是 PROFIBUS 系统中最常用的方式之一。使用带有屏蔽层的双绞线，采用平衡差分传输方式，传输速率在 9.6Kbit/s ~ 12Mbit/s，总线上的所有设备使用相同的传输速率。各设备均连接在具有线形拓扑结构的总线上。每个网段最多可以连接 32 个设备，每个网段可允许的最大总线长度取决于传输速率的大小。当多于 32 个设备或需要扩大总线长度时，可使用 RS-485 中继器进行网段扩展。

（2）光纤电缆传输方式

光纤网络可以满足长距离数据传输并且保持高的传输波特率，而且在强电磁干扰的环境中光纤网络由于其良好的传输特性还可以屏蔽干扰信号对整个网络的影响。使用专门的光电转换装置 OLM 或 OBT 可以将光纤与普通铜质电缆进行连接。根据所使用光纤类型的不同，信号的传输距离也不相同。单模玻璃光纤的距离可达 15km，而塑料光纤的距离只有 80m。使用光纤方式时，PROFIBUS 系统的总线连接拓扑可以组成环形或星形。

当使用 PROFIBUS DP 网络传输时，其推荐的传输速率如图 7-23 所示。为提高通信质量，应避免使用虚线框内的通信速率，因为使用这些速率时信号易受干扰。同时，并不是所有设备都能支持这 10 个传输速率，所支持的传输速率一般在 GSD 文件（设备描述的文件）中定义。

图 7-23 PROFIBUS DP 网络的推荐传输速率

并不是每一个 PROFIBUS DP 网络传输都能达到标称的网络传输距离，其传输速率与传输距离有着对应关系，如图 7-24 所示。距离越远，能达到的传输速率越低。其最大电缆长度约为 1200m，在实际应用中，为了保证传输稳定，一般会留有余量。

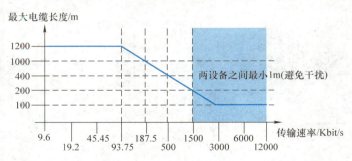

图 7-24 PROFIBUS DP 网络传输速率与距离的关系

4. PROFIBUS DP 接口与传输

西门子公司提供了专用的 PROFIBUS DP 接口与 PROFIBUS DP 总线接口引脚定义如图 7-25 所示。

其具体的引脚定义说明见表 7-6。其中针脚 3 连接的是 PROFIBUS 电缆的信号线 B（红色），引脚 8 连接的是电缆的信号线 A（绿色）。引脚 2 和引脚 7 提供 24V 电源可以给 PC 适配器供电，但是这两个引脚在大部分从站的接口中是不提供的，所以需要采用接口供电的一些 PC 适配器无法使用，如 PC

1	Shield	*
2	24V-	*
3	B(RxD/TxD P)	
4	RTS	
5	D-GND	
6	VP(+)	**
7	24V+	*
8	A(RxD/TxD N)	
9	RTS(N)	*

* 信号可选
** 仅在终端站点需要

图 7-25 PROFIBUS DP 总线接口与引脚定义

Adapter RS232 和 PC Adapter USB。

CPU 或者 CP 板卡都采用该类型的接口，此接口外部的金属部分连接到 CPU 或者 CP 的内部的"PE"。而当 CPU 安装在底板上时，其"PE"与底板是连通的。此时如果将安装底板在电气柜内做接地处理，则该接口的外部金属部分也是接地的。

表 7-6　PROFIBUS DP 总线接口引脚说明

引脚号	信号名称	设计含义
1	SHIELD	屏蔽或功能地
2	M24	24V 输出电压地（辅助电源）
3	RXD/TXD – P	接收和发送数据——正 B 线
4	CNTR – P	方向控制信号 P
5	DGND	数据基准电位（地）
6	VP	供电电压——正
7	P24	正 24V 输出电压（辅助电源）
8	RXD/TXD – N	接收和发送数据——负 A 线
9	CNTR – N	方向控制信号 N

PROFIBUS 电缆的两端应该连接终端电阻。终端电阻接线原理图与接线位置如图 7-26 所示。终端电阻是为了消除在通信电缆中的信号反射。在通信过程中，有两种原因可导致信号反射：阻抗不连续和阻抗不匹配。

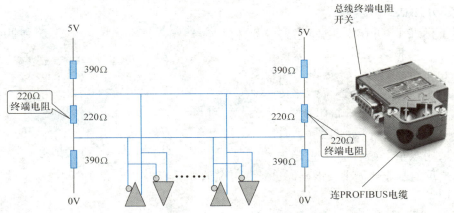

图 7-26　PROFIBUS DP 终端电阻电路

如果设备处于网络末端，可通过将接头上的终端电阻开关拨到 ON 的位置，此时终端电阻接入到网络。

在一个物理网段中，应该保证在网络的两个终端各有一个终端电阻，不能增加也不能减少，否则 PROFIBUS 总线与终端电阻将会出现不匹配的情况，有可能导致通信出错。同时 PROFIBUS 规定的终端电阻是一个有源电阻，如果终端站点出现硬件问题或是站点断电，则有可能会影响到整个网络的通信质量。

PROFIBUS 总线网络终端电阻的接入方法如图 7-27 所示。最左侧及最右侧的终端电阻拨到 ON 的状态，另外最左侧及最右侧 PROFIBUS 总线电缆接入的是 In 接口。

当 PROFIBUS 中，如果有中继器，接入终端电阻的方法如图 7-28 所示。在图 7-28 中，Master 代表 PROFIBUS DP 主站，Slave 代表 PROFIBUS DP 从站，T 代表终端电阻打开，Repeater 代表中继器。由图可以看出，中继器两端的电阻均为打开状态。

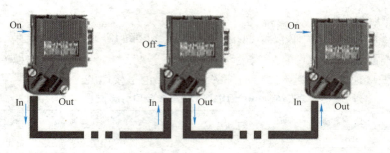

图 7-27 终端电阻接入方法

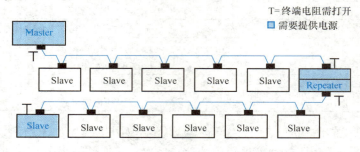

图 7-28 包含中继器的 PROFIBUS DP 网络

5. PROFIBUS 电缆制作

西门子标准 PRCFIBUS 电缆为屏蔽双绞电缆，两根数据线：A - 绿色和 B - 红色，分别连接 DP 接口的引脚 8（A）和 3（B）。电缆的外部包裹着编织护套和金属箔片两层屏蔽，最外面是紫色的外皮，如图 7-29 所示。电缆采用双重屏蔽，非常适合在

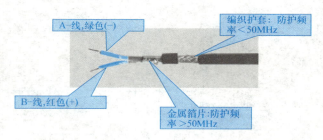

图 7-29 PROFIBUS DP 电缆构成

电磁干扰严重的工业环境中敷设。通过总线电缆的外屏蔽层以及总线终端的接地端子，可实现连续接地。

采用西门子的 FastConnect 剥线工具，可快速去除 PROFIBUS FastConnect 总线电缆外皮，FastConnect 剥线工具如图 7-30 所示。

其剥线的过程如图 7-31 所示。

6. PROFIBUS 中继器与光纤传输

使用铜缆时，一个 PROFIBUS 网段的最大长度取决于传输速率，网段传输速率与距离的关系见表 7-7 所示。若这些长度对于特定应用来说还不够，则可通过使用中继器来将网络扩展。最多可进行 9 个中继器级联，

图 7-30 FastConnect 剥线工具

可取得一个最大网络长度。注意，这里的长度是指 PROFIBUS 网段一端到另外一端之间的电缆总长度，而不是两个站点之间的距离。

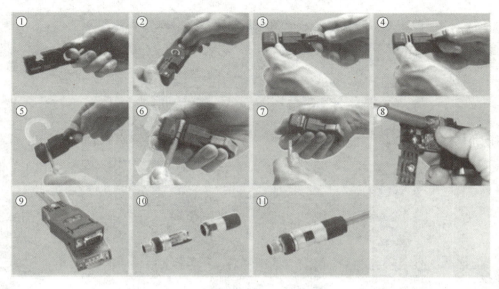

图 7-31 FastConnect 剥线工具的剥线过程

表 7-7 PROFIBUS 网段传输速率与距离的关系

传输速率	总线网段电缆的最大长度/m	两个站之间的最大距离/m
9.6~187.5Kbit/s	1000	10000
500Kbit/s	400	4000
1.5Mbit/s	200	2000
3~12Mbit/s	100	1000

PROFIBUS 信号也可以使用光纤进行传输，与电气电缆相比具有以下优点。

1）将各设备和网段进行电气隔离。

2）没有潜在的平衡电流。

3）外部电磁干扰不会对传输产生影响。

4）无须采用避雷部件。

5）沿传输路线没有噪声辐射。

6）重量低。

7）根据具体光纤类型，在较高传输速率下，也可实现高达数千米的电缆长度。

8）最大允许距离不依赖于传输速率。

任务 7.2 PROFIBUS DP 电缆的制作

 任务实施

7.2.2 设备组态

1. 配置 DP 主站

在 TIA（博途软件）中创建一个新项目，然后选择"添加新设备"→"控制器"，选择合适的 CPU 型号，输入设备名称"PLC_1"并作为 DP 主站，如图 7-32 所示。

图 7-32　配置 DP 主站

2. 配置 DP 从站

选择"添加新设备"→"控制器",选择合适的 CPU 型号,输入设备名称"PLC_2",并作为 DP 从站,如图 7-33 所示。

图 7-33　配置 DP 从站

选择并添加 CM1242-5 DP 从站模块,将其从设备选项目录中拖到 PLC 左侧 101 号槽中,如图 7-34 所示。

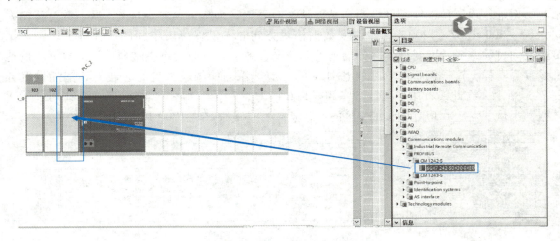

图 7-34 添加 CM1242-5 DP 从站模块

3. 配置 PROFIBUS DP 连接

双击"设备和网络"选项,在 S7-1200 CPU 上单击"未分配"选项,在弹出的下拉列表框选择主站"PLC_1.MPI/DP 接口_1"选项,将其作为从站分配给 S7-300 CPU,操作过程如图 7-35 所示。

图 7-35 配置 PROFIBUS DP 连接

4. 配置 DP 从站地址

双击 S7-1200 PLC 左侧的 CM1242-5 DP 从站模块的 PROFIBUS DP 接口,设置其站地址为 3,如图 7-36 所示。

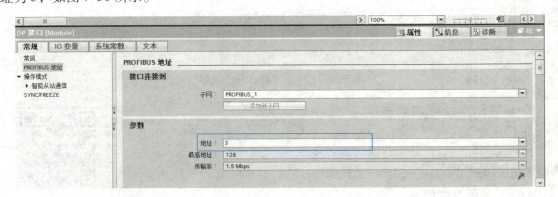

图 7-36 配置 DP 从站地址

5. 配置 DP 从站数据交换区

双击"操作模式"选项，在右侧传输区域单击"新增"按钮，设置主站起始地址与从站起始地址，设置传输区长度。当主站地址为 Q 区时，对应的从站地址为 I 区，数据传输方向为 S7-300 至 S7-1200。当想改变数据传输方向时，可以单击中间的箭头标记，则数据传输方向自动改变，同时博途软件会自动重新配置地址。一般会将主站与从站的数据传输地址设置为一样，这样编程时不用考虑地址的对应关系，使用起来更为方便。具体的设置如图 7-37 所示，在此设置中，当往 S7-300 PLC 的 Q 区写值，即意味着给 S7-1200 PLC 发送数据；当从 S7-300 PLC 中读取 I 区的值，意味着是接收 S7-1200 PLC 发送的数据。

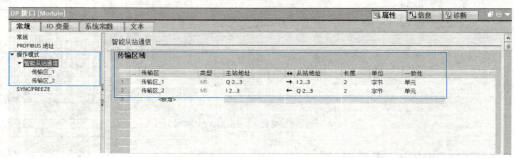

图 7-37 配置 DP 从站数据交换区

7.2.3 程序编写

1. 编写 S7-300 PLC 程序

在 OB1 中编写程序如图 7-38 所示，并双击"添加新块"选项，添加 OB82、OB86、OB122 三个组织块，这三个组织块中不需要写程序，只是为了方便调试。因当 PROFIBUS 无法通信时，会调用相应的 OB 块来处理。如果 S7-300 PLC 中没有对应的 OB 时，会导致 CPU 停机，不方便调试。

任务 7.2 程序编写

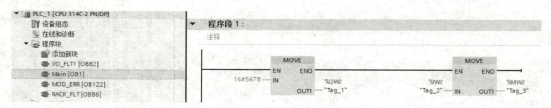

图 7-38 S7-300 PLC 程序编写

2. 编写 S7-1200 PLC 程序

在 OB1 中编写程序如图 7-39 所示。

程序编写完成后，分别将对应的程序下载到相应的 CPU 中，将 CPU 设置为在线状态，并监视程序的运行状态及所收到的数据。

任务 7.2 程序验证

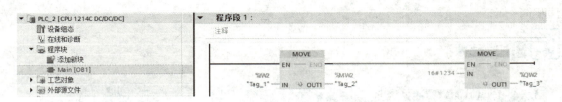

图 7-39　S7－1200 PLC 程序编写

任务7.3　辊床电动机的远程控制——S7－1200 PLC 与分布式 I/O ET200S 的 PROFINET 通信应用

任务描述

在汽车焊装车间，由大量的辊床构成了车身焊接的输送线，而控制辊床运行的 PLC 控制柜一般固定在某一个点放置。每一台辊床的电动机由它附近布置的分布式 I/O 控制，如图 7-40 所示。本次任务要求采用 S7－1200 系列 PLC 通过 ET200S 控制分布在两处的两台辊床的电动机运行。

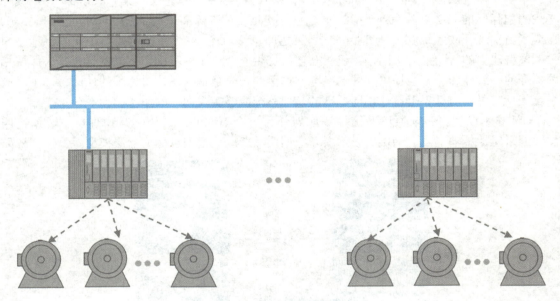

图 7-40　辊床电动机控制示意图

任务分析

1）在输送线上的辊床一般单向运行，因此对于具体的电动机来讲就是连续的运行控制，只不过这里所要用到的 I/O 不再是 PLC 本地的，而是 ET200S 上的 I/O。

2）为了让 PLC 知道是否有 ET200S 与它连接，以及获取 ET200S 的具体配置信息，需要进行软硬件的组态。

3）对于程序的编写，在确定了 ET200S 的 I/O 地址之后就和用 PLC 本地 I/O 控制的方法相同。

7.3.1 PROFINET 网络通信

PROFINET 是 PROFIBUS 国际组织（PROFIBUS International，PI）于 2001 年 8 月推出的新一代通信系统。它基于工业以太网技术，使用 TCP/IP 和 IT 标准，是一种实时以太网技术。同时无缝集成了所有的现场总线，实现了工业以太网和实时以太网的技术统一。PROFINET 是自动化领域处于领先地位的工业以太网标准，它包括全厂范围的现场总线通信以及工厂与办公室之间的通信。PROFINET 可以同时进行标准的以太网传输和毫秒级的实时数据传输。为了更好地理解 PROFINET，这里有必要了解一下 OSI 参考模型、以太网等概念。

1. 认识 OSI 参考模型

OSI 参考模型是国际标准化组织 ISO/TC 97 为了实现不同厂家生产的设备之间的互连操作与数据交换，于 1978 年建立的"开放系统互连"分技术委员会。该分技术委员会起草了开放系统互连（Open System Interconnection，OSI）参考模型的建议草案，并于 1983 年成为正式的国际标准 ISO7498。1986 年，分技术委员会又对该标准进行了进一步的完善和补充，形成了为实现开放系统互连所建立的分层模型，简称 OSI 参考模型，如图 7-41 所示。OSI 参考模型建立的目的是为不同计算机相互连接提供一个通用的基础和标准框架，并为保持相关标准的一致性和兼容性提供共同的参考。这里的开放是指各系统对标准的认同，一个开放系统是指它可以与世界上遵守相同标准的其他系统能够实现通信的系统。

OSI 参考模型将一个通信系统抽象地划分为七个不同的层，分别是物理层、数据链路层、网络层、传输层、会话层、表示层和应用层，所以该模型也称为七层模型。

图 7-41 OSI 参考模型

OSI 参考模型采用了分层结构技术把一个网络系统分成若干层，每一层都可实现不同的功能。每一层的功能都以一套协议描述，协议定义了该层与通信对象相同层通信所使用的一套规则和约定。每一层向相邻上层提供一套确定的服务，并且使用与之相邻的下层所提供的服务，通过相应的接口来实现。

1）物理层。物理层定义了机械、电气、功能等特性。如对于数字信号的 0 和 1 分别用多少伏的电压来表示、用什么样的线缆来传输信号、线缆和设备之间用什么样的接口来连接等。物理层的功能是实现接通、断开和保持物理链路，对网络节点间通信线路的特性和标准以及时钟同步做出规定。

2）数据链路层。数据链路层确定了站点物理地址以及将消息传送到协议栈，提供顺序控制和数据流向控制。数据链路层主要功能是将一个原始的传输设备转变成一条传输线路。具体来讲就是发送方将输入的数据拆开，分装到数据帧（通常是由几百个或者几千个字节组成的一组数据）中，然后顺序地传送这些数据帧。如果是可靠的服务，则接收方必须给发送方返回一个确认帧以表示它已经正确地接收到了。交换机就是工作在这一层。

3）网络层。网络层又称通信子网层，用于控制通信子网的运行过程，管理从发送节点到接收节点的逻辑信道（一个实际的物理信道上存在若干个逻辑信道），以实现不同网络之间数据传输路径的选择。网络层协议规定网络节点和逻辑信道的标准接口，用来完成网络连接的建立、拆除和通信管理，解决控制工作站间的报文组交换、路径选择和流量控制的有关问题。路由器就是工作在这一层。

4）传输层。传输层也称传送层，主要功能是为两个要进行通信的设备建立、拆除和管理传送连接，最佳地使用网络所提供的通信服务，接收来自上一层的数据。在必要时把这些数据分割成小的单元，然后把数据单元传递给网络层，同时决定向它的上一层提供哪种类型的服务。

5）会话层。用户间的连接叫会话。会话是指各种服务，包括对话控制（记录该由谁来传递数据）、令牌管理（防止多方同时执行同一关键操作）、同步功能（在传输过程中设置检查点，以便在系统崩溃后还能在检查点上继续运行）。会话层的功能是组织、协调参与通信的两个用户之间对话的逻辑连接，是用户进网的接口。实现各进程间的会话，即网络中节点交换信息，着重解决面向用户的功能。会话层还可以通过对话控制来决定使用何种通信方式，是全双工通信还是半双工通信。会话层通过自身协议对请求与应答进行协调。

6）表示层。表示层又称描述层，主要解决用户信息的语法表示问题，解决两个通信机器中数据格式表示不一致的问题，规定数据的加密/解密、数据的压缩/恢复等采用什么方法等。不同的计算机可能会使用不同的数据表示法，为了让这些计算机能够相互通信，它们所交换的数据的结构必须以一种抽象的方式来定义。表示层还定义了一种标准的编码方法，用来表达网络线路上所传递的数据。

7）应用层。应用层又称用户层，直接面向用户，利用应用进程为用户提供访问网络的手段，它包含了各种各样的协议。例如 HTTP 就是一个应用非常广泛的应用协议，当浏览器访问一个网页时，浏览器利用 HTTP 将所需要访问的网页的地址发送给服务器，然后服务器将页面送回给浏览器。

由于 OSI 是一个理想的模型，因此一般网络系统只涉及其中的几层，很少有系统能够具有所有的七层，并完全遵循它的规定。

在七层模型中，每一层都提供一个特殊的网络功能。从网络功能的角度看：物理层、数据链路层、网络层和传输层主要提供数据传输和交换功能，即以节点到节点之间的通信为主；传输层作为上下两部分的桥梁，是整个网络体系结构中最关键的部分；而会话层、表示层和应用层则以提供用户与应用程序之间的信息和数据处理功能为主。简言之，物理层、数据链路层、网络层和传输层主要完成通信子网的功能，会话层、表示层和应用层主要完成资源子网的功能。

2. 以太网

以太网（Ethernet）是一种计算机局域网组网技术。IEEE 制定的 IEEE 802.3 标准给出了以太网的技术标准。它规定了包括物理层的连线、电信号和介质访问层协议的内容，也就是说以太网的标准只在 OSI 参考模型的物理层和数据链路层中的介质访问部分做了定义，其他层并没有做任何规定，如图 7-42 所示。

交换机是以太网的传输设备，以太网交换机工作于 OSI 参考模型的第二层（即数据链路层），是一种基于 MAC（Media Access Control，介质访问控制）地址识别、完成以太网数据帧转发的网络设备。交换机的主要功能包括物理

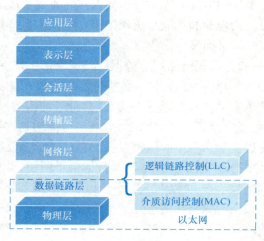

图 7-42 以太网模型

编址、网络拓扑结构、错误校验、帧序列以及流量控制。交换机还具备一些新的功能，如对 VLAN（虚拟局域网）的支持、对链路汇聚的支持，甚至有的还具有防火墙的功能。

交换机传输数据的过程是这样进行的。首先交换机根据收到数据帧中的源 MAC 地址建立该地址同交换机端口的映射，并将其写入 MAC 地址表中；然后交换机将数据帧中的目的 MAC 地址同已建立的 MAC 地址表进行比较，以决定由哪个端口进行转发，如图 7-43 所示。如果数据帧中的目的 MAC 地址不在已建立的 MAC 地址表中，则向所有端口转发，这一过程称为泛洪。广播帧向所有的端口转发，组播帧向所属的组播端口转发。

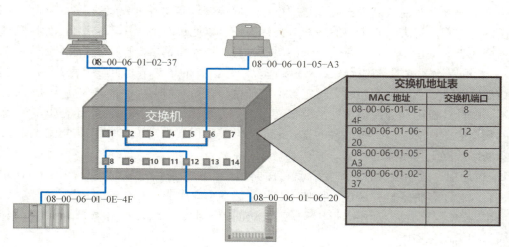

图 7-43 交换机的数据转发功能

网络中每台设备都有一个唯一的网络标识，这个标识叫 MAC 地址或网卡地址。MAC 地址由 48 位（6 字节）的二进制数构成，通常表示为 12 个十六进制数，每两个十六进制数之间用冒号隔开，如 08：00：20：0A：8C：6D 就是一个 MAC 地址。一个制造商在生产制造

网卡之前,必须先向 IEEE 注册,以获取一个长度为 24bit 的厂商代码,也称为 OUI(Organizationally-Unique Identifier)。制造商在生产制造网卡的过程中,会往每一块网卡的 ROM 中写入一个 BIA(Burned-In Address,固化地址),BIA 的前 3 个字节就是该制造商的 OUI,后 3 个字节由该制造商自己确定。不同的网卡,其 BIA 后 3 字节不相同,如图 7-44 所示。写入网卡的 BIA 是不能被更改的,只能被读取出来使用。按照 IEEE 的规定每个网络设备出厂都会有全球唯一的 MAC 地址,并且使用过的也不会再重复使用。

图 7-44　MAC 地址的构成

3. 因特网

因特网(Internet)是全世界使用 TCP/IP 协议和网关设备(Gateway)组成的网络。TCP/IP 实际上已成为因特网的代名词。TCP/IP 协议是因特网的基础协议,它并不是单指一个协议而是一个协议族的统称,包括 TCP、IP、ICMP 和 HTTP 等。在计算机网络中,协议是指计算机网络为进行数据交换而建立的规则、标准或者约定的集合,它规定了通信时信息必须采用的格式和这些格式所代表的意义。

TCP/IP 协议也是参考了 OSI 参考模型,将协议分成了 4 个层次,分别是应用层、传输层、网络层和网络接口层。进行通信时,数据将会被传送到传输层,传输层会将数据分割成符合网络环境的数据包,然后在数据前面加上 TCP 头。这就像邮寄包裹的时候快递员打包的过程。数据到达网络层后再加上网络层的 IP 头,IP 头主要包括收发信息的计算机的地址以及当收件人不明时丢弃数据的标记等。数据到达数据链路层后,将被再一次加上以太网头和 FCS 帧校验序列。物理层将二进制数字信号转换为电信号在通信介质中传输。在对方接收到数据之后按照相反的过程将有用的数据分离出来,这就完成了一次因特网上信息的传输。TCP/IP 协议中数据打包过程示意图如图 7-45 所示。

图 7-45　TCP/IP 协议中数据打包过程示意图

4. PROFINET

PROFINET 既采用了 TCP/IP 和 IT 标准实现了标准数据的传输,又在以太网技术的基础上进行了优化设计实现了实时数据的传输，如图 7-46 所示。实时（Real – Time，RT）表示系统在一个确定的时间内处理外部事件。确定性意味着系统是一个可预知的响应。因此，实时通信的一般要求：一是确定性的响应，二是标准应用的响应时间≤10ms。PROFINET 的同步实时（Isochronous Real – Time，IRT）技术可以满足运动控制的高速通信需求。在 100 个节点下，其响应时间小于 1ms，抖动误差小于 1μs，以此来保证及时的、确定的响应。

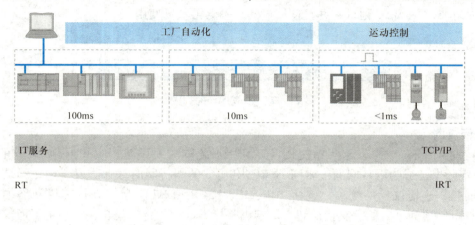

图 7-46　实时性与应用的关系

PROFINET 支持 3 种通信方式，分别是 TCP/IP 标准通信、实时（RT）通信和等时同步实时（IRT）通信，如图 7-47 所示。

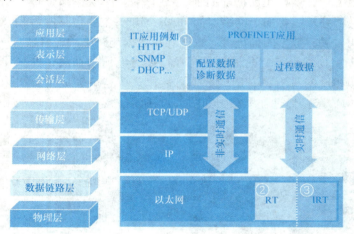

图 7-47　PROFINET 的 3 种通信方式

（1）TCP/IP 标准通信

PROFINET 基于工业以太网技术，使用 TCP/IP 标准。TCP/IP 是 IT 领域关于通信协议方面的标准，尽管其响应时间大概在 100ms 的量级。不过，对于工厂控制级的应用来说，这个响应时间已经足够了。

（2）实时（RT）通信

PROFINET 提供了一个优化的、基于以太网第二层的实时通信通道。通过该通道，极大地减少了数据在通信栈中的处理时间。因此，PROFINET 获得了等同，甚至超过传统现场总线系统的实时性能。

PROFINET 的实时通信适用于对信号传输时间有严格要求的场合。例如用于传感器和执行器的数据传输。通过 PROFINET，分布式现场设备可以直接连接到工业以太网，与 PLC 等设备通信。其响应时间较 PROFIBUS – DP 等现场总线相同或更短，典型的更新循环时间为 1~10ms，这个响应时间完全能满足现场级的要求。PROFINET 的实时性可以用标准组件来实现。

（3）同步实时（IRT）通信

PROFINET 的同步实时用于高性能同步运动控制。IRT 提供了等时执行周期，以确保信息始终以相等时间间隔进行传输。IRT 响应时间为 0.25 ~ 1ms，波动小于 1μs。IRT 数据传输的实现基于硬件，通信需要特殊的交换机（例如 SCALANCE X – 200IRT）的支持。IRT 允许各种情况下的实时通信，甚至包括：在任意负载或者过载情况下的通信（否则使用 TCP/IP）；任意的网络拓扑结构，许多交换机可以串联在一起（线性拓扑）。

7.3.2 PROFINET 分布式 I/O 系统 ET200S

1. 西门子 ET 200 分布式 I/O 系统

ET 200 是西门子推出的分布式 I/O 系列产品，如图 7-48 所示。现场的各组件和相应的分布式设备通过 PROFINET 或 PROFIBUS 和可编程控制器（PLC）实现快速的数据交换，是可编程控制器系统的重要组成部分。在实际生产中，现场设备与 PLC 控制柜的距离远近不一，对于较远的现场设备如果还采用 PLC 本地的 I/O 端口的话，就会在 PLC 和现场设备之间布置大量的导线。这样做既不经济，也会使得接线变得非常复杂和混乱，电磁干扰会削弱系统的可靠性。

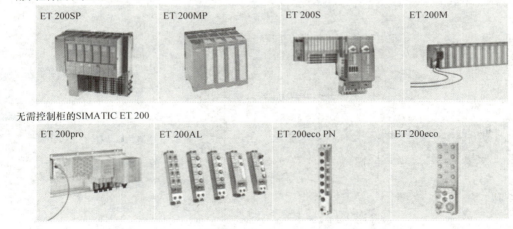

图 7-48 西门子 ET 200 分布式 I/O 系列产品

2. 认识 ET200S 分布式 I/O 系统

SIMATIC ET 200S 是一款防护等级为 IP20，具有丰富的信号模块，同时支持电动机起动器、变频器、PROFIBUS 和 PROFINET 网络的分布式 I/O 系统，如图 7-49 所示。用户可以根据不同的需求灵活搭建系统。组成 ET200S 分布式 I/O 系统至少需要一个接口模块、电源模块、输入/输出模块（即I/O模块）、用于安装电源模块和输入/输出模块的端子模块以及端接模块，如图7-50所示。

图7-49 西门子ET 200S 分布式 I/O 系列产品

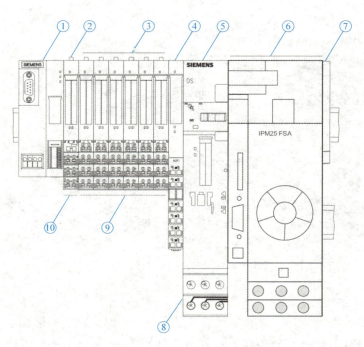

① ET 200S接口模块
② 用于输入/输出模块的PM-E电源模块
③ 输入/输出模块
④ 用于PM-D电动机启动器的电源模块
⑤ 直接启动器
⑥ 变频器
⑦ 端接模块
⑧ 电源总线
⑨ 用于输入/输出模块的TM-E端子模块
⑩ 用于电源模块的TM-P端子模块

图7-50 西门子ET 200 分布式 I/O 系统的组成

7.3.3 I/O 地址分配

在本次任务中有两台电动机需要进行连续运行控制，要用到4个按钮和2个接触器，因此就需要4个输入点和2个输出点。I/O 地址分配表见表7-8。

表 7-8 I/O 地址分配表

元件	符号	地址	说明
按钮开关	SB1_M1_Start	I100.0	电动机 M1 的起动按钮
按钮开关	SB2_M1_Stop	I100.2	电动机 M1 的停止按钮
按钮开关	SB3_M2_Start	I200.0	电动机 M2 的起动按钮
按钮开关	SB4_M2_Stop	I200.2	电动机 M2 的停止按钮
接触器	KM1_M1	Q100.0	电动机 M1 的控制接触器
接触器	KM1_M2	Q200.0	电动机 M2 的控制接触器

7.3.4 ET200S 的配置

首先配置接口模块，S7-1200 PLC 的 CPU 本地集成了 PROFINET 接口，因此这里选择支持 PROFINET 的 IM151-3 PN。其次是电源管理模块，这里选择普通的输出 DC 24V 规格的 PM-E 24V DC；电源模块需要端子模块，对于支持电源管理模块的端子模块 TM-P 有3种形式，为了便于接线，这里选择了有 AUI 端子且与左侧 AUI 有电气连接的类型，具体情况将在电路设计中介绍。然后是输入/输出模块，为了留有一定的 I/O 端口余量，这里均选择了 8DI 和 8DO 的模块，同样需要对应的端子模块支持。最后是总线端接模块，总线端接模块在组态中并不会出现，但是在实际的安装中必须要配备。配置好的 ET200S 各模块安装顺序如图 7-51 所示，本次任务配置的 ET200S 元器件列表见表 7-9。

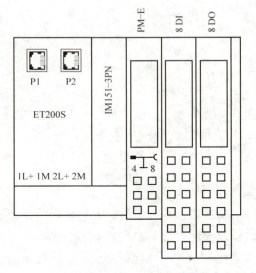

图 7-51 本次任务配置的 ET200S 各模块安装顺序

表 7-9 本次任务配置的 ET200S 元器件列表

元器件名称	型号	订货号	数量
接口模块	IM151-3 PN	6ES7 151-3BA23-0AB0	2
电源管理模块	PM-E	6ES7 193-4CA01-0AA0	2
端子模块	TM-P	6ES7 193-4CC20-0AA0	2
开关量输入模块	8 DI	6ES7 131-4BF00-0AA0	2
端子模块	TM-E	6ES7 193-4CA40-0AA0	4
开关量输出模块	8 DO	6ES7 132-4BF00-0AA0	2
总线端接模块	—	6ES7 193-4JA00-0AA0	2

7.3.5 ET200S 的安装及拆卸

1. 接口模块的安装及拆卸

首先将接口模块通过其背部的 DIN 卡夹挂在已经安装好的 DIN 导轨上，然后绕已挂接的一边旋转并按压，直到听到滑片卡入的"咔嚓"声，这时接口模块便安装到导轨上了，如图 7-52 所示。

拆卸的过程与安装的过程相反，但是需要注意的是，首先需要用一字螺钉旋具按图 7-53 所示的弹簧卡夹向下拉出，紧接着将接口模块向上旋转，最后将接口模块取下，如图 7-53 所示。

任务 7.3 ET200S 的安装与拆卸

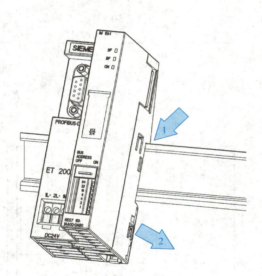

图 7-52 接口模块的安装

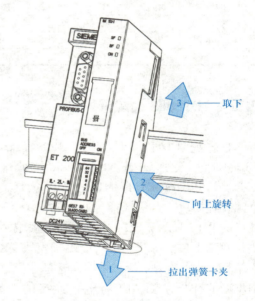

图 7-53 接口模块的拆卸

如果接口模块已接线，且终端模块位于右侧，这时先要切断接口模块的电源，然后断开接口模块上的接线和总线连接器。再使用螺钉旋具向下推动接口模块上的滑片直到装置尽头，紧接着向左移动接口模块。最后按照前文所述的方法拆卸接口模块。

2. 端子模块的安装及拆卸

端子模块包括 TM－P 和 TM－E 两种。TM－P 用于安装电源模块，TM－E 用于安装输入/输出模块。这两种模块安装至 DIN 导轨上的方式是一样的，具体安装步骤如下。

首先将端子模块挂在 DIN 导轨上，然后绕已挂接的一边旋转并按压，直到听到滑片卡入的"咔嚓"声，这时端子模块便安装到导轨上了。但这时端子模块与左边的接口模块或者与它相邻的端子模块还没有进行电气连接，紧接着将端子模块向左移动，直到听到其锁定在接口模块、前一个接口模块（如果已安装）或端子模块中的"咔嚓"声，如图 7-54 所示。

端子模块的拆卸过程有点特殊。当需要拆卸一个端子模块时，首先需要将与它相邻的左侧的端子模块的卡夹向下拉出，这样该端子模块与左侧端子模块的连接锁扣才被打开，具体的操作步骤如下（如果系统已经接线且上电，则需要先切断电源并拆除接线）。

首先使用螺钉旋具将前一个（左侧）端子模块/接口模块上的滑片向下推到底，再向右移动该端子模块。然后再用螺钉旋具将该端子模块的滑片向下推到底，再向上旋转端子模块，最后从导轨上取下端子模块，如图7-55所示。

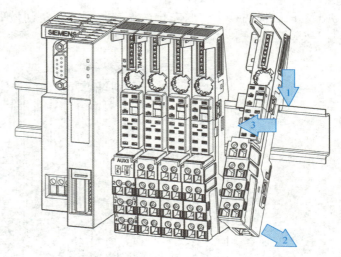

图 7-54 端子模块的安装

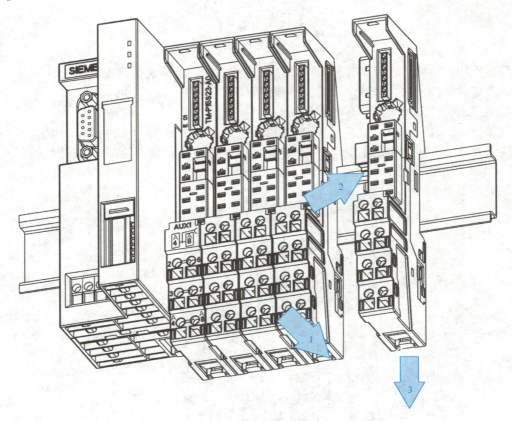

图 7-55 端子模块的拆卸

3. 端接模块的安装及拆卸

位于 ET200S 右端的端接模块用于端接 ET200S 分布式 I/O 系统，其内部是一个端接电阻。如果没有端接模块，ET200S 将无法工作。端接模块的安装步骤如下。

首先将端接模块装配在导轨最后一个端子模块的右侧，然后将端接模块向内转动到 DIN

导轨上，最后将端接模块向左推，直到听到其锁定到最后一个端子模块中的"咔嚓"声，如图 7-56 所示。

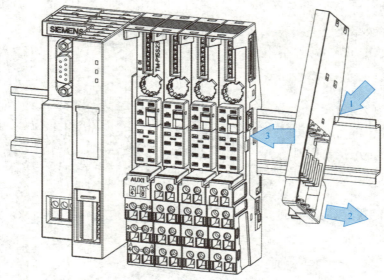

图 7-56 端接模块的安装

端接模块的拆卸比较简单，先使用螺钉旋具将最后一个端子模块上的滑片向下推到底，然后向左移动端接模块，最后滑动端接模块以使其从 DIN 导轨上分离。

4. 电源模块和输入/输出模块的安装及拆卸

电源模块和输入/输出模块的尺寸是一样的，安装方法也是一样的，将电源模块或输入/输出模块插入端子模块直到听到"咔嚓"声，这时电源模块或者输入/输出模块已经锁定入位，如图 7-57 所示。

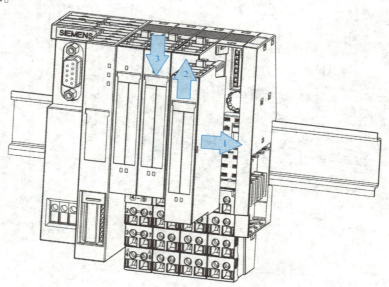

图 7-57 输入/输出模块的安装

拆卸时，同时按住位于输入/输出模块顶部和底部的两个释放按钮，将输入/输出模块向前从端子模块中拉出，如图 7-58 所示。

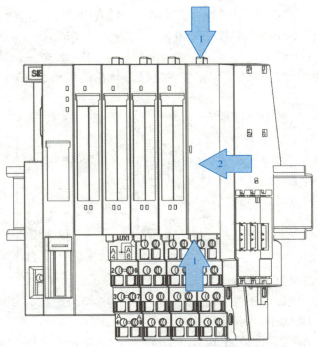

图 7-58 电源模块或者输入/输出模块的拆卸

7.3.6 电路设计

本次任务中的主电路与任务 4.1 中的相同,这里不再赘述,以下重点讲述与 ET200S 相关的控制电路。

1. 电源与网络

电源电路主要是 CPU 1214C 和 ET200S 的供电电路,这里主要讲述 ET200S 的供电电路。对于 ET200S 来讲,一方面需要给接口模块 IM151 供电,另一方面需要给电源模块 PM-E 供电。接口模块 IM151 和电源模块 PM-E 的电源接口如图 7-59 所示。

任务 7.3 任务分析与电源电路

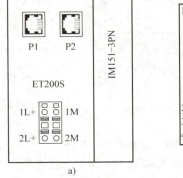
a)

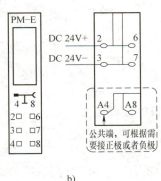
b)

图 7-59 接口模块 IM151 和电源模块 PM-E 的电源接口
a)接口模块 IM151 b)电源模块 PM-E 的电源接口

对于接口模块 IM151 来讲，只需要在 L+ 端子上接入 DC 24V 电源的正极，在 M 端子上接入 DC 24V 电源的负极即可，其中 1L+ 和 2L+ 在内部是接通的，1M 和 2M 在内部也是接通的，所以任意选择 L+ 和 M 连接即可。对于电源模块 PM-E 来讲，是通过电源模块的端子模块的接线孔实现的，2 和 6 端子是正极供电接口且在内部相通，3 和 7 是负极供电接口且在内部相通。

电源模块的端子模块的电路结构有 3 种形式，如图 7-60 所示。第 1 种为有 AUI 端子（A4 和 A8），且与左侧 AUI 有电气连接；第 2 种为有 AUI 端子（A4 和 A8），且与左侧 AUI 没有电气连接；第 3 种为没有 AUI 端子，且与左侧 AUI 有电气连接，如图 7-60 所示。在本次任务中选择的是第 1 种。

为了方便后面按钮电路的连接，在这里将 AUI 端子连接至电源的正极。此时电源模块右侧的端子模块的 AUI 端子（A3、A4、A7、A8）均连接到了电源的正极。

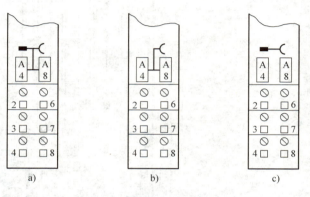

图 7-60　电源模块的端子模块的 3 种电路结构形式
a) 第 1 种　b) 第 2 种　c) 第 3 种

对于网络连接来讲是比较简单的，只需要将 CPU 和接口模块用网线连接起来即可。具体的电路图如图 7-61 所示。

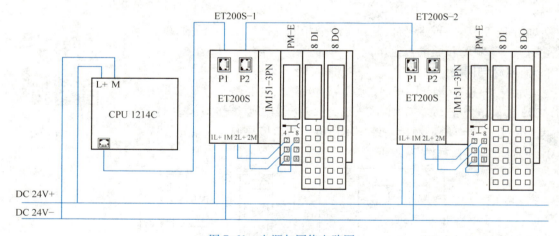

图 7-61　电源与网络电路图

2. 第 1 台电动机的控制电路

（1）按钮电路

本次选用的开关量输入模块是一个具有 8 路输入的 DI 模块，与 PLC 本地的输入端口类似。首先将按钮的一端连接到 DC 24V 电源的正极，然后将按钮的另一端连接到 DI 模块中的任意一个输入端口即可。需要说明的，开关量输入模块对应的端子模块的 AUI 端子（A3、A4、A7、A8）均已连接了 DC 24V 电源的正极，因此，只需要将按钮的另

任务 7.3　按钮和接触器电路

一端连接至 AUI 端子中的任何一个即可，具体电路图如图 7-62 所示。

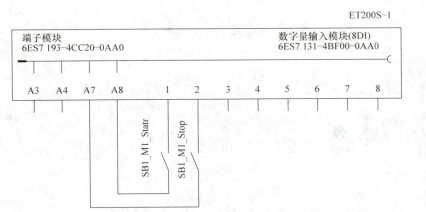

图 7-62　按钮电路图

（2）接触器线圈控制电路

本次选用的开关量输出模块是一个具有 8 路输出的 DO 模块，与 PLC 本地的输出端口类似。首先将接触器线圈的正极连接到 DO 模块端口中的任意一个输出端口，然后再将接触器线圈的负极连接至 DC 24V 电源的负极，如图 7-63 所示。

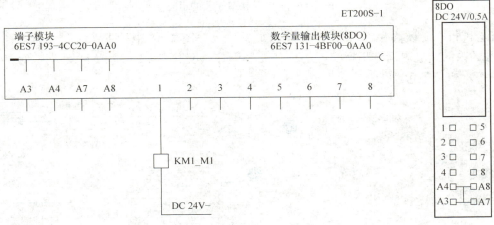

图 7-63　接触器线圈控制电路图

第 2 台电动机的控制电路与第 1 台电动机的控制电路类似，这里不再赘述。

7.3.7　硬件组态

CPU 的组态与之前的任务相同，这里不再赘述，接下来主要讲述 ET200S 的组态。首先将博途软件的界面切换至"设备和网络"界面下的"网络视图"界面，再在右侧的目录中根据实际硬件的订货号找到相应的型号并拖曳至"网络视图"界面，然后单击 CPU 上的 PROFINET 接口并一直按住鼠标左键拖曳至 IM151 接口模块的 PROFINET 接口。此时，在博途软件中 CPU 和 IM151 接口模块通过 PROFINET 连接

任务 7.3　组态调试

到了一起。最后对 IM151 接口模块进行重命名，如"et200s-m1"，如图 7-64 所示。使用同样的方法完成控制第 2 台电动机的 IM151 接口模块的组态，并命名为"et200s-m2"。

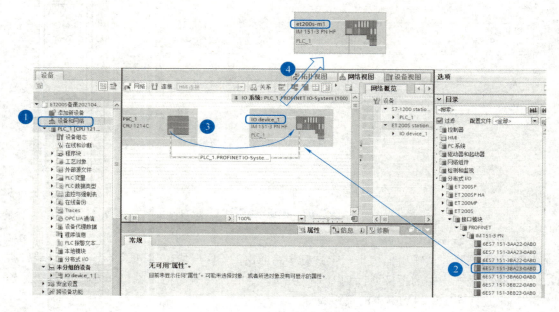

图 7-64　IM151 接口模块的组态

接着进行电源模块和输入/输出模块的组态。双击图 7-65 中的 IM151 接口模块进入到 ET200S 的内部组态界面，根据实际的硬件安装顺序（见图 7-51）以及订货号（见表 7-7）完成组态，如图 7-65 所示。

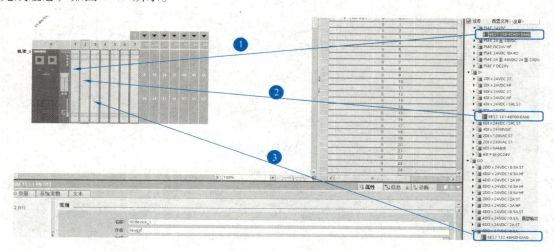

图 7-65　ET200S 内部器件的组态

完成组态之后，进行 IM151 接口模块的以太网地址设置。双击图 7-66 所示的上图左上角的以太网接口将会跳转到 PROFINET 接口的属性设置界面。选择"以太网地址"选项设置项目，并在"IP 地址"文本框填入预设的 IP 地址，如图 7-66 所示。这个地址是将组态信息下载到 PLC 之后才会生效的，一般称之为离线 IP 地址。

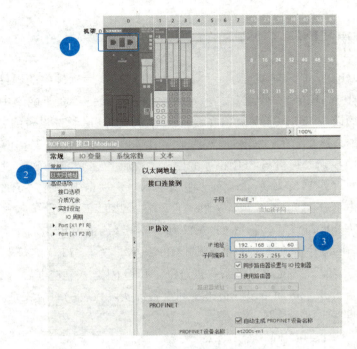

图 7-66 设置 IM151 接口模块的以太网地址

最后进行输入/输出模块 I/O 地址的设置，选中相应的输入/输出模块（如开关量输入模块）并双击进入到相关属性的设置界面，如图 7-67 所示。在"常规"选项卡中的"I/O 地址"选项组中的"起始地址"文本框中输入"100"，这就意味着这个开关量输入模块的 8 个输入端口的地址分别为 I100.0 ~ I100.7。需要说明的是端子模块中的实际端口编号的 1~8 与 I100.0 ~ I100.7 的地址并不是一一对应的，具体对应关系如图 7-67 所示。

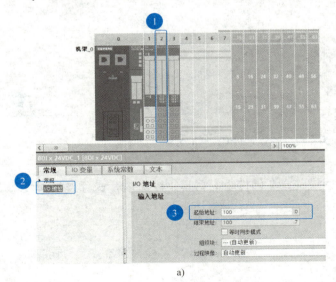
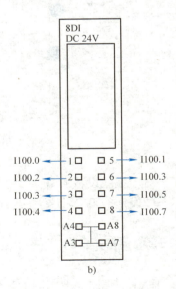

a) 设置起始地址   b) 接线方式

图 7-67 电子模块的 I/O 地址设置

7.3.8 分配 PROFINET 名称

在组态中所修改的设备名称（如"et200s-m1"）是博途软件中的硬件组态信息，下载到 CPU 之后，CPU 就知道有一个名称为"et200s-m1"设备存在于网络中。它会通过这个名称去寻找对应的设备，所以需要通过在线修改的方式将实际硬件设备的名称修改成和硬件组态中相同的名称，这样它们才能够正常通信。具体步骤如下：首先在博途软件的"在线访问"下拉选项中找到计算机与 PLC 相连的网卡，然后单击"可访问的设备"中的"在线和诊断"选项，出现图 7-68 所示的画面。在"功能"选项卡中找到"分配 PROFINET 设备名称"选项，双击打开图 7-68 右侧所示的画面。在"PROFINET 设备名称"右侧的文本框中输入将要分配的 PROFINET 名称（如"et200s-m1"），最后单击右下角的"分配名称"按钮即可完成。当网络中存在多个设备的时候可以通过选中"LED 闪烁"复选框来区别当前的可访问设备与实际设备的对应关系。当选中"LED 闪烁"复选框后，实际硬件的"P1"和"P2"灯会闪烁起来，进而可以知道可访问设备与实际设备的对应关系。

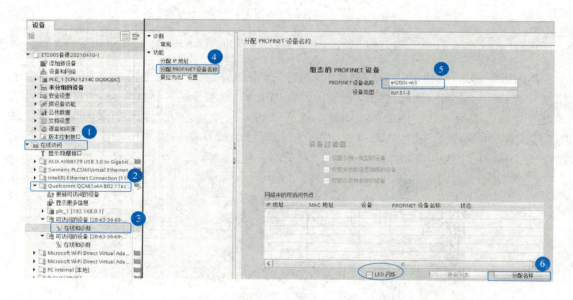

图 7-68 为在线设备分配 PROFINET 名称

对于在线设备的 IP 地址可以不用设置，在硬件组态信息下载之后，系统会自动分配组组态中设定的 IP 地址到在线设备中。

7.3.9 程序编写

程序的编写与使用 PLC 本地的 I/O 端口控制电动机的运行是相同的，具体程序如图 7-69 所示。

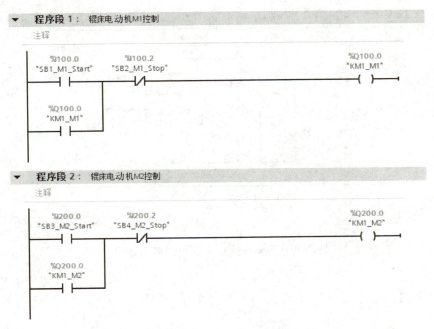

图 7-69 辊床电动机的远程控制程序

| 任务 7.4 | 焊装气动夹具的远程控制——S7－1200 PLC 与阀岛 EX600 的 PROFINET 通信应用 |

任务描述

焊接是车身制造中的重要工艺，是汽车制造四大工艺之一。车身焊装车间采用了大量的焊装夹具，在汽车制造中焊装夹具的动作通常是由气缸驱动的。

本次任务的要求是采用 S7－1200 系列 PLC 和 EX600 阀岛实现控制焊装夹具驱动气缸的伸出与退回（只实现一个气缸的控制）。

任务分析

1）焊装夹具一般是分布在焊装生产线上的，与 PLC 控制柜的距离不等，且所处的工作环境较差，对于控制装置需要一定的防护等级，因此可以选用阀岛作为气缸的控制单元。

2）EX600 系列阀岛支持众多的通信协议，为了便于和 S7－1200 系列 PLC 集成，在这里选用支持 PROFINET 通信协议的 SI 单元。在本次任务中只需要控制一个气缸，所以至少需要一个电磁阀。

3）一般在每个气缸上都有两个传感器，用来检测气缸当前的状态。因此还需要至少两个数字量输入端口。

4）夹具的控制是既要支持自动控制也要支持手动控制，在这里用两个按钮实现气缸的手动控制。

实现任务的功能框图如图 7-70 所示。

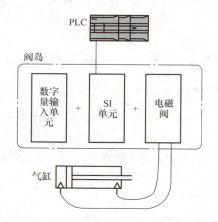

图 7-70　焊装气动夹具远程控制功能框图

7.4.1　阀岛的概念

阀岛（Valve Terminal）是由多个电控阀构成的控制元器件。它集成了信号的输入/输出和相关的控制，犹如一个控制岛屿，因此称为阀岛，常见的阀岛外形如图 7-71 所示。

在工业现场有很多的气动执行元件，这些元件都需要用电磁阀控制。而每一个电磁阀至少需要两根导线，这就使得 PLC 控制柜和现场元件之间有太多的线缆。为了解决线缆太多的问题，集成分布式 I/O 和集装式电磁阀的阀岛应运而生。通过工业通信网络与 PLC 等控制器连接，能够实现现场气动设备的远程监测与控制。

任务 7.4　认识阀岛

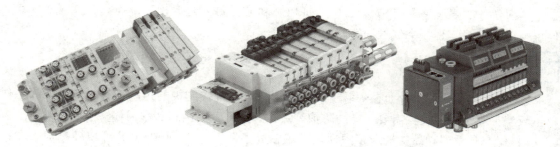

图 7-71　常见的阀岛外形

7.4.2　认识 EX600 系列阀岛

EX600 系列阀岛是 SMC 公司推出的高集成度阀岛，具有丰富的 I/O 单元配置与集装式电磁阀配置，支持绝大多数的工业通信协议。用户可以根据自己的需求灵活搭配，如图 7-72 所示。

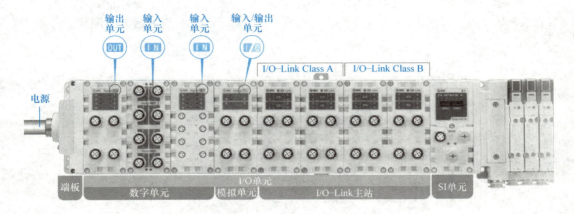

图 7-72 EX600 系列阀岛

EX600 系列阀岛由端板、I/O 单元（包括数字量单元、模拟量单元、I/O – Link 主站）、SI 单元和集装式电磁阀组成。

1. 端板

端板位于阀岛的最左侧，包含为阀岛供电的电源接头、接地端子以及安装固定孔等。型号为 EX600 – ED2 供电接头为 B 型编码的 M12 航空插头，如图 7-73 所示。

2. I/O 单元

I/O 单元类似于 PLC 的 I/O 模块，用于采集现场设备的输入信号或输出信号控制现场设备，如图 7-74 所示。I/O 信号接头有 M12 航空插头、M8 航空插头、D – sub 接头以及弹簧端子接头等形式，每一路 I/O 信号都有相应的信号指示灯。

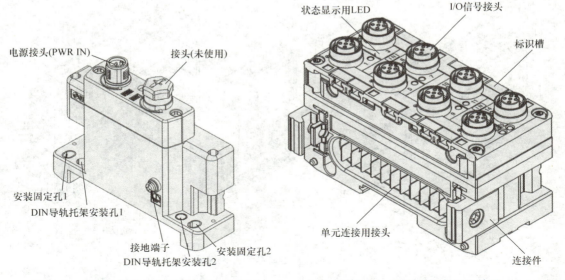

图 7-73 EX600 阀岛端板（EX600 – ED2）　　图 7-74 EX600 阀岛 I/O 单元

3. SI 单元

SI 单元是阀岛的控制核心，它的作用类似于 ET200S 中的接口模块，如图 7-75 所示，支持不同通信协议的 SI 单元型号是不同的。显示盖上的指示灯用于显示阀岛的工作状态，网络接口为 B 型编码的 M12 航空插头。用户可以在 SI 单元的左侧根据需求配置若干个 I/O 单元。

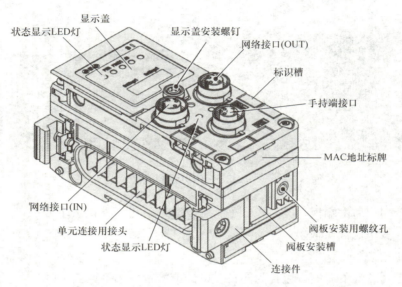

图 7-75　EX600 阀岛 SI 单元

4. 集装式电磁阀

集装式电磁阀是由若干电磁阀组成的整体，通过阀板安装在 SI 单元的右侧。用户可以根据不同的需求配置不同类型和数量的电磁阀，电磁阀的数量最多可以是 16 个。在集装板 D 侧供排气块和 U 侧供排气块中均有进气口和排气口，如图 7-76 所示。

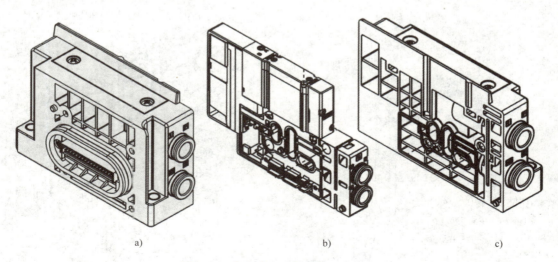

图 7-76　集装式电磁阀的各组成部分
a) D 侧端板　b) 电磁阀　c) U 侧端板

7.4.3 由电磁阀和气缸组成的基本回路

1. 电磁阀

在气压传动中,电磁阀常用于开关阀,通过电压信号控制气源气路的通断,以控制阀门的开关以及气缸的伸缩等。本次任务中提到的电磁阀主要是指电磁控制换向阀。电磁控制换向阀是由电磁铁通电对衔铁产生吸力,利用这个电磁力实现阀的切换以改变气流方向和通断的阀。用它可以控制执行元件的起动、停止及运动方向。由于这种阀易于实现电、气联合控制,能实现远距离操作,故得到了广泛的应用。

任务 7.4 气缸控制回路

电磁阀按控制形式可以分为单电控电磁阀与双电控电磁阀;按照阀芯可以达到的位置可以分为"几位"(如两位、三位等)电磁阀;按照空气通路接口可以分为"几通"(如三通、五通等)电磁阀。通过电磁阀的符号可以识别其类型,如图 7-77 所示。

2. 由电磁阀和气缸组成的基本回路

气缸是用于实现直线运动并对外做功的元件,其结构、形状有多种形式。普通气缸主要指活塞式单作用气缸和双作用气缸。单作用气缸是指压缩空气仅在气缸的一端进气,并推动活塞运动,而活塞的返回则是借助于其他外力(如重力、弹簧力等)工作的气缸。单作用活塞式气缸多用于短行程及对活塞杆推力、运动速度要求不高的场合,如定位和夹紧装置等。双作

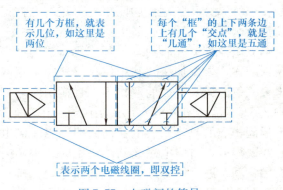

图 7-77 电磁阀的符号

用是指活塞的往复运动均由压缩空气来推动,在单活塞杆的气缸中,因活塞左边面积比较大,当空气压力作用在左边时,提供一个慢速的和作用力大的工作行程;返回行程时,由于活塞右边的面积较小,所以速度较快而作用力变小。单作用气缸和双作用气缸的符号如图 7-78 所示。

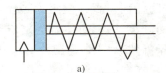
a)

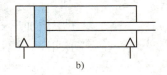
b)

图 7-78 单作用气缸和双作用气缸的符号
a) 单作用气缸符号　b) 双作用气缸符号

(1) 单作用气缸换向回路

单作用气缸换向回路是指通过控制气缸一侧腔体的供排气并实现气缸的伸出和缩回运动的回路。图 7-79 所示为两位三通电磁阀控制的单作用气缸下运动的回路。回路的初始由三通阀的弹簧控制阀处于常闭状态,当电磁阀得电时,三通阀换向,单作用气缸活塞杆向前伸出;当电磁阀失电时,三通阀回到初始状态,单作用气缸活塞杆在弹簧作用下退回。采用 PLC 来控制时,只需要用一个输出点来控制气缸的伸出与退回,如图 7-79 所示。

(2) 双作用气缸换向回路（采用双电控两位五通阀）

双作用气缸回路是指通过控制气缸两腔的供气和排气来实现气缸的伸出和缩回运动的回路。采用双电控两位五通阀构成的双作用气缸换向回路如图7-80所示。由于双电控两位换向阀具有记忆功能，如果在气缸伸出的途中突然失电，气缸仍将保持原来的位置状态。当左侧电磁线圈得电，右侧电磁线圈不得电时，阀芯向右侧移动，进而使得进气口1和4相通，排气口3和2相通，此时气缸活塞的左侧受到的压强大，气缸活塞杆向前伸出；当右侧电磁线圈得电，左侧电磁线圈不得电时，阀芯向左侧移动，进而使得进气口1和2相通，排气口5和4相通，此时气缸的活塞的右侧受到的压强大，气缸活塞杆向后退回。

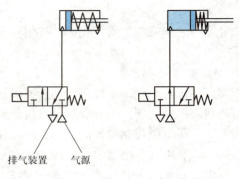

图7-79 单作用气缸换向回路

(3) 双作用气缸换向回路（采用双电控三位五通阀）

双电控三位五通阀有3种形式，分别是中位封闭式、中位加压式和中位排气式。采用双电控三位五通阀构成的双作用气缸换向回路如图7-81所示。图7-81a所示为中位封闭式三位五通阀构成的双作用气缸换向回路。当左侧电磁线圈得电，右侧电磁线圈不得电时，阀芯向右侧移动，进而使得进气口1和4相通，排气口3和2相通，此时气缸活塞的左侧受到的压强大，气缸活塞杆向前伸出；当右侧电磁线圈

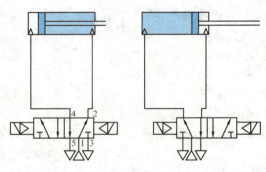

图7-80 双作用气缸换向回路
（采用双电控两位五通阀）

得电，左侧电磁线圈不得电时，阀芯向左侧移动，进而使得进气口1和2相通，排气口5和4相通，此时气缸活塞的右侧受到的压强大，气缸活塞杆向后退回；当两个线圈都不得电时，阀芯会处在中间位置。在这种情况下，这3种电磁阀就有不同的效果，对于中位封闭式的电磁阀来说，4和2被封堵，能使气缸定位在行程中间任何位置，但因为阀体本身的气体泄漏，定位精度不高；对于中位加压式（图7-81b所示）来讲，中位时进气口与两个出气口同时相通，因活塞两端作用面积不相等，故活塞杆仍然会向前伸出；对于中位排气式（图7-81c所示）来讲，中位时两个出气口与排气口相通气缸活塞杆可以任意推动。

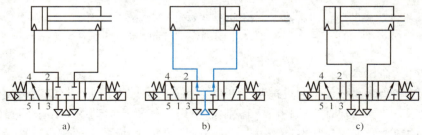

图7-81 双作用气缸换向回路（采用双电控三位五通阀）
a) 中位封闭式 b) 中位加压式 c) 中位排气式

7.4.4 I/O 地址分配

在本次任务中有 2 个按钮和 2 个传感器，因此需要 4 个输入点。气缸采用了双作用气缸，因此需要 2 个输出点，I/O 地址分配表见表 7-10。

表 7-10　I/O 地址分配表

元件	符号	地址	说明
按钮开关	SB1_V1_SI1	I300.0	手动打开夹具操作按钮
按钮开关	SB2_V1_SI1	I300.1	手动关闭夹具操作按钮
传感器	SQ1_V1_SI1	I300.2	气缸伸出位置传感器
传感器	SQ2_V1_SI1	I300.3	气缸退回位置传感器
电磁阀线圈	CO1_V1_SI1	Q300.0	电磁阀电磁线圈 1
电磁阀线圈	CO2_V1_SI1	Q300.1	电磁阀电磁线圈 2

7.4.5 EX600 阀岛的配置

由前文可知，组成阀岛至少需要 SI 单元（PROFINET 接口）、电磁阀、D 侧端板、阀板、D 侧供排气块、U 侧供排气块各 1 个。本次任务中需要控制 1 个气缸，所以需要 1 个电磁阀，同时由于有按钮和传感器所以还需要 1 个数字量输入单元，最终的配置表见表 7-11 和图 7-82 所示。

表 7-11　阀岛配置表

元件名称	型号/订货号	数量
D 侧端板	EX600 – ED2	1
数字量输入单元	EX600 – DXPD	1
SI 单元	EX600 – SPN1	1
阀板	EX600 – ZMV2	1
集装板 D 侧供排气块	SY50M – 1 – 1A – C10	1
集装板 D 侧供排气块	SY50M – 3 – 1A – C10	1
两位双电控电磁阀	SY5200 – 5U1	1

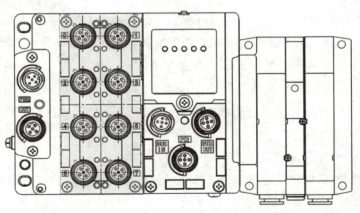

图 7-82　阀岛配置

7.4.6　EX600 阀岛的安装与拆卸

1. D 侧端板、数字量输入单元和 SI 单元的安装

数字量输入单元和 SI 单元都是标准化的尺寸和安装结构，安装顺序是先将数字量输入单元连接至 D 侧端板，再将 SI 单元连接至数字量输入单元，如图 7-83 所示。具体的步骤是首先将图 7-83 所示的椭圆框中的卡扣向外翻，然后将数字量输入单元的电器插头插接在 D 侧端板，再将卡扣向内扣，最后用螺钉旋具拧紧卡扣上的螺钉。对于 SI 单元安装至数字量输入单元的方法是相同的。

任务7.4　任务解析与阀岛安装

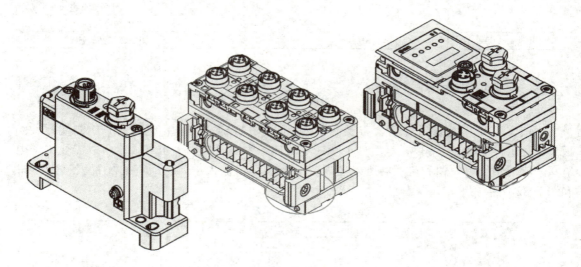

图 7-83　D 侧端板、数字量输入单元和 SI 单元安装

2. 集装式电磁阀的安装

EX600 系列阀岛的电磁阀是由增位式拉杆串接在一起的。增位式拉杆的一端是螺栓，另外一端是螺孔，螺栓和螺孔是可以进行连接的，这样就可以串接不同数量的拉杆以满足不同长度的需求。在安装时，首先需要将电磁阀和集装块组件连接到一起，再将电磁阀和集装块组件作为一个整体通过增位式拉杆连接至 D 侧供排气块。如果需要多个电磁阀，则依次往右扩展连接电磁阀，最后将 U 侧供排气块连接至最后一个电磁阀，这就完成了集装式电磁阀的安装，如图 7-84 所示。为了将集装式电磁阀连接至 SI 单元，还需要将阀板连接至 D 侧供排气块，如图 7-85 所示。

3. 集装式电磁阀与 SI 单元的连接

集装式电磁阀与 SI 单元是通过阀板连接到一起的。首先将集装式电磁阀与 SI 单元卡接在一起，然后用螺栓固定即可，如图 7-86 所示。

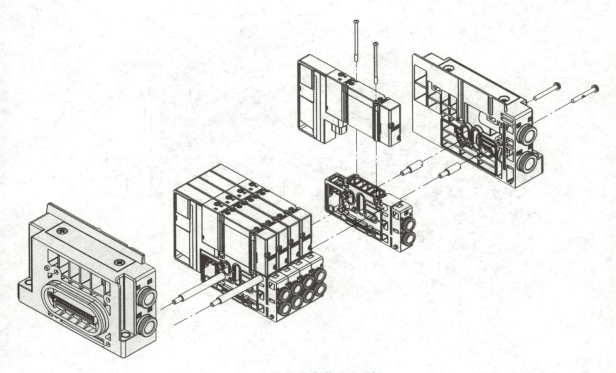

图 7-84　安装集装式电磁阀

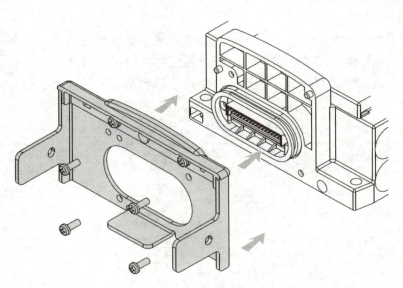

图 7-85　阀板连接至集装式电磁阀

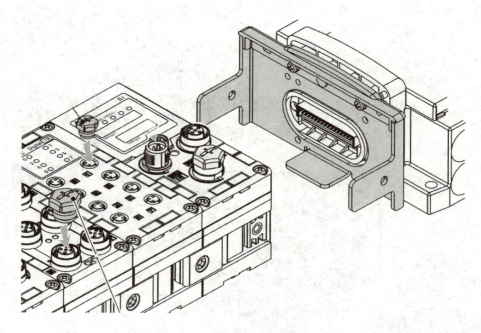

图 7-86 集装式电磁阀与 SI 单元的连接

7.4.7 电路设计

1. 电源和网络的电路设计

（1）电源电路

电源电路主要是 CPU 1214C 和 EX600 的供电电路,这里主要讲解 EX600 阀岛的供电电路。EX600 阀岛的供电是通过左侧端板上的 B 型 M12 航空插头实现的,而且分成了两路,一路用于输出信号,另一路用于控制和输入信号,其接口引脚定义见表 7-12。

任务 7.4 阀岛电源与网络电路

表 7-12 EX600 阀岛左侧端板电源接口引脚定义

形状	端子号	信号名称
	1	DC 24V（输出用）
	2	0V（输出用）
	3	DC 24V（控制、输入用）
	4	0V（控制、输入用）
	5	FE

常用的 M12 航空插头有 3 种类型,分别是 A 型、B 型和 D 型,每种类型中又有 4 芯和 5 芯等不同芯数之分,见表 7-13。

表 7-13　常用 M12 航空插头类型

类型	A 型		B 型		D 型	
公头						
母头						

（2）网络电路

网络电路主要是 CPU 和 SI 单元的网络连接。CPU 采用的是普通的 RJ-45 插座，而 SI 单元采用的是 D 型的 M12 航空插头，各线芯的定义如图 7-87 所示。

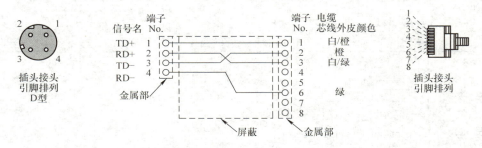

图 7-87　SI 单元的 D 型 M12 航空插头网络接口线芯定义

综上所述，最终的电源和网络的电路设计如图 7-88 所示。

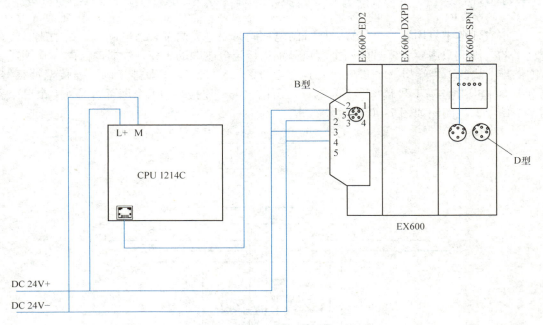

图 7-88　电源和网络的电路设计

2. 按钮和传感器的电路设计

按钮和传感器是连接在 DI 单元上的，DI 单元采用了 A 型的 M12 航空插头，插头内部各引脚的定义见表 7-14，具体电路图如图 7-89 所示。

任务 7.4　传感器按钮气路

表 7-14　DI 单元 M12 航空插头引脚定义

形状	端子号	信号名称
	1	DC 24V +
	2	IN2
	3	DC 24V −
	4	IN1
	5	N/A

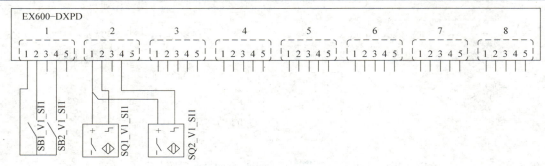

图 7-89　按钮和传感器电路图

7.4.8　气路设计

在本次任务中只用到一个气缸，所选的电磁阀为双电控两位五通电磁阀，是集成安装在阀岛上的。因此只需要将气缸的两个端口分别连接至电磁阀的 4 和 2 号端口，再将 D 侧或者 U 侧供排气块的 1 号端口（即进气口）连接至气源，5 号端口（即排气口）连接至消声器。因为 D 侧和 U 侧均有 1 号端口和 5 号端口，所以只需要连接其中 1 个即可，另外 1 个可以采用堵头堵上。气路图如图 7-90 所示。

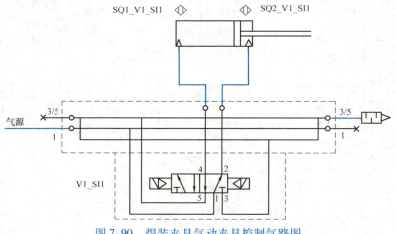

图 7-90　焊装夹具气动夹具控制气路图

7.4.9 安装 GSD 文件

在博途软件中，当使用 PROFIBUS – DP 或 PROFINET – I/O 总线通信时，有时需要组态第三方设备，此时需要安装这些设备的通用站描述（Generic Station Description，GSD）文件，这样才能在组态的时候和添加 ET200S 硬件设备一样完成组态。GSD 文件安装过程如图 7-91 所示。

任务 7.4　安装 GSD 文件及功能验证

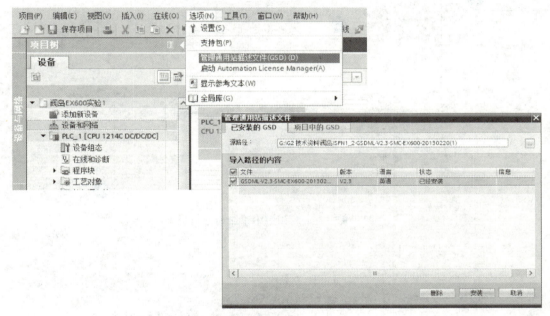

图 7-91　安装 GSD 文件的方法

7.4.10 硬件组态

PLC 的组态和之前任务中的组态是相同的，这里不再赘述。这里主要讲述阀岛的组态。

安装了 EX600 阀岛的 GSD 文件后，就可以在博途软件硬件组态界面的硬件目录中的 "其他现场设备 – PROFINET IO – Valves – SMC Coporation – SMC EX600" 目录中找到 SI 单元的硬件信息。首先将其拖曳至 "设备和网络" 对话框中，然后单击 CPU 1214C 的 PROFINET 端口并按住左键后移动至 SI 单元的 PROFINET 端口，这时 CPU 1214C 和 EX600 的 SI 单元就建立的 PROFINET 连接。最后修改组态 SI 单元的 PROFINET 名称（如这里修改为 "valve1"），如图 7-92 所示。需要注意的是，这里修改的是离线设备的名称，实际硬件（在线设备）的 PROFINET 名称将在后面介绍。

在添加完 SI 单元后，双击 SI 单元就可以进入阀岛的组态界面了。首先根据 7.4.5 中阀岛的配置依次添加相关的 DI 单元、电磁阀控制线圈等。这里需要说明的是，不管实际中安装了几个电磁阀,在这里都需要统一添加"EX600-SPN(32 coils)"组件,或者也可以添加带诊断功能的"EX600-SPN(32 coils,Status)"组件。然后根据7.4.4节中的I/O地址分配表设置DI单元和电磁阀控制线圈的I/O地址,最后设置SI单元的IP地址,具体步骤如图7-93所示。

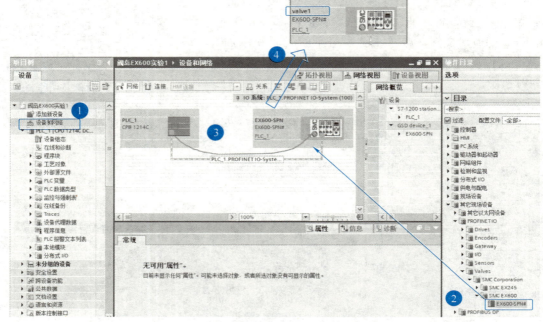

图 7-92　在硬件组态中添加 SI 单元

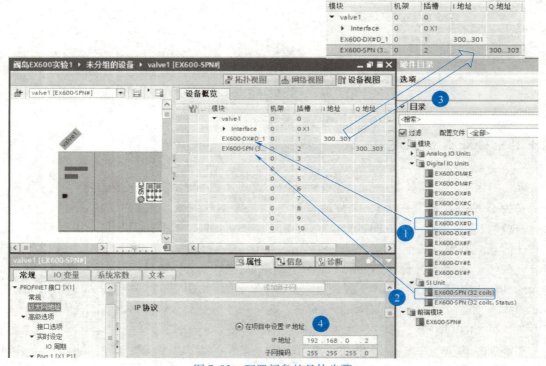

图 7-93　配置阀岛的具体步骤

7.4.11 分配 PROFINET 名称

在组态中修改的设备名称(如"valve1")是在博途软件中的硬件组态信息,下载到 CPU 之后,CPU 就知道有一个名为"valve1"设备存在于网络中。它会通过这个名称去寻找对应的设备,所以在这里需要通过在线修改的方式先将实际硬件设备的名称修改成和硬件组态中相同的名称,这样它们才能够正常通信。具体步骤如图 7-94 所示。

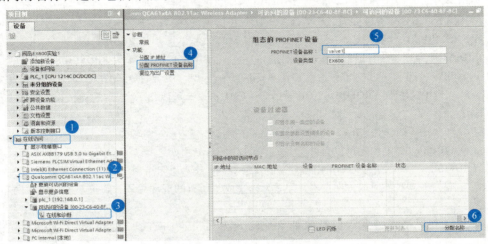

图 7-94 为在线设备分配 PROFINET 名称

7.4.12 程序编写

由前文可知,本次任务要实现的是焊装夹具驱动气缸的伸出与退回控制。这可以通过两位双电控电磁阀的两个电磁线圈轮流得电实现。需要注意的是,在任意时刻,两个线圈不能同时得电。在这里采用置位和复位指令实现,具体程序如图 7-95 所示。

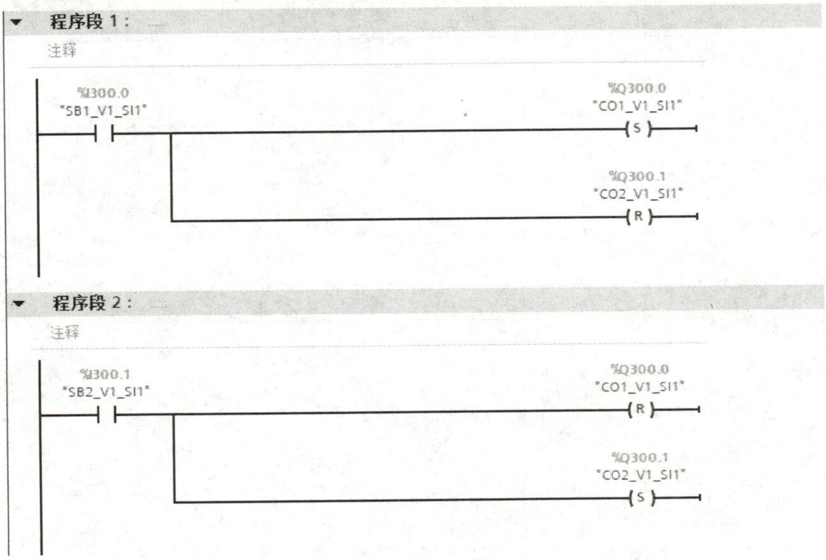

图 7-95 焊装气动夹具控制程序

习 题

1. MODBUS 协议分为 3 种模式，分别是 MODBUS – ASCII 、_____、MODBUS – TCP。
2. MODBUS 是一种协议，必须要有_____为实现平台。
3. S7 – 1200 PLC 自带的网口支持_____通信。
4. TIA PORTAL 软件中提供了_____个版本的 MODBUS – RTU 指令。
5. MODBUS – TCP 是在以太网口基于_____协议的 MODBUS 通信协议。
6. 使用通信模块 CM 1241 RS – 232 作为 MODBUS – RTU 主站时，可以与_____个从站通信。
7. MODBUS – RTU 要有硬件为实现平台，一般使用_____接口实现。
8. 在 PROFIBUS DP 网络中，S7 – 300 PLC 作为从站时称为_____。
9. PROFIBUS 主要有 3 种通信行规，分别是_____、PROFIBUS – FMS、PROFIBUS – PA。
10. PROIBUS – DP 采用屏蔽双绞线可实现 9.6kbit/s ~ _____的数据传输速率。
11. S7 – 1200PLC 扩展 PROFIBUS – DP 通信时，CM1243 – 5 可以作为_____通信，_____可以作为从站通信。
12. PG/PC 设备用于 PROFIBUS 调试和诊断，是二类 DP _____。
13. PROFIBUS – DP 通信还可以通过_____实现两个 DP 主站之间的通信。
14. PROFIBUS 总线网络的终端电阻，最左侧及最右侧的终端电阻拨到_____的状态。
15. _____是一种实时以太网技术，同时无缝集成了所有的现场总线，解决了工业以太网和实时以太网技术的统一。
16. OSI 参考模型将一个通信系统抽象地划分为七个不同的层，分别是_____、_____、_____、_____、_____、_____和_____。
17. PROFINET 支持 3 种通信方式，分别是_____、_____和_____。
18. 分布式 I/O 系统有什么用途？
19. 阀岛有什么用途？
20. 现有两台 S7 – 1200 PLC（CPU 1214C）需要交换数据，请通过 PROFINET 建立两台 PLC 的通信连接，并编写相应的程序。

参 考 文 献

［1］姚福来，等. 自动化设备和工程的设计、安装、调试、故障诊断［M］. 北京：机械工业出版社，2012.
［2］刘新宇，等. 电气控制技术基础及应用［M］. 北京：中国电力出版社，2014.
［3］西门子（中国）有限公司. SIMATIC S7-1200 可编程控制器产品样本［Z］. 2019.
［4］西门子（中国）有限公司. SIMATIC S7-1200 可编程控制器系统手册［Z］. 2018.
［5］西门子（中国）有限公司. STEP 7 和 WinCC Engineering V16 系统手册［Z］. 2019.
［6］向晓汉. 西门子 S7-1200 PLC 学习手册：基于 LAD 和 SCL 编程［M］. 北京：化学工业出版社，2018.
［7］牛百齐，等. S7-300 PLC 基础教程［M］. 北京：机械工业出版社，2015.
［8］侍寿永，等. S7-1200 PLC 编程及应用教程［M］. 北京：机械工业出版社，2018.
［9］陶权. S7-300/400 PLC 基础及工业网络控制技术［M］. 北京：机械工业出版社，2014.
［10］王振力，等. 工业控制网络［M］. 北京：人民邮电出版社，2012.
［11］吴晓明，等. 现代气动原件与系统［M］. 北京：化学工业出版社，2014.
［11］SMC（中国）有限公司. 现场总线元件 EX600 系列样本［Z］. 2020.